小自然

盆栽大师的无盆小品植栽

林国承 著　连慧玲 摄影

海峡出版发行集团
THE STRAITS PUBLISHING & DISTRIBUTING GROUP
福建科学技术出版社
FUJIAN SCIENCE & TECHNOLOGY PUBLISHING HOUSE

图书在版编目（CIP）数据

小自然：盆栽大师的无盆小品植栽 / 林国承著 .—福州：福建科学技术出版社，2015.7（2017.1 重印）
（绿指环生活书系）
ISBN 978-7-5335-4793-6

Ⅰ. ①小… Ⅱ. ①林… Ⅲ. ①盆栽—观赏园艺 Ⅳ. ① S68

中国版本图书馆 CIP 数据核字（2015）第 120897 号

书　　名　小自然——盆栽大师的无盆小品植栽
　　　　　　绿指环生活书系
著　　者　林国承
出版发行　海峡出版发行集团
　　　　　　福建科学技术出版社
社　　址　福州市东水路 76 号（邮编 350001）
网　　址　www.fjstp.com
经　　销　福建新华发行（集团）有限责任公司
印　　刷　福建地质印刷厂
开　　本　700 毫米 ×1000 毫米　1/16
印　　张　12
图　　文　192 码
版　　次　2015 年 7 月第 1 版
印　　次　2017 年 1 月第 2 次印刷
书　　号　ISBN 978-7-5335-4793-6
定　　价　39.00 元

书中如有印装质量问题，可直接向本社调换

序

追求顺应自然的盆栽艺术

让植物离开原本生长的土地，转移至人为设置的环境中，这样做是为了什么？由何时何处何人开始的？这些问题相信已难以考究了。也许为了培育新品种，也许为了采摘方便，或为了摆饰观赏。栽培植物是农业诸事中最重要的事项，长久以来的发展也出现了多元化的目标，诸如，为了填饱口腹的粮食种植，为水土保持、木材建材生产所需的造林，庭园造园栽植，药草、香料种植……项目何其多，这其中也包含了规模最小、最不影响民生所需的盆栽。唐代所留下的图画中，已有不少宫女手捧盆栽的情景，可见盆栽这项园艺技巧，在中国至少有上千年的历史。

盆栽的发展是为了把玩观赏，在生活富足的条件下才有余力进行。在费尽心思求新求变与地域性民风的影响下，盆栽衍生出许多流派。由中国推展至境外后，各种新的盆栽技法与品种不断演化，也终使盆栽这项娱乐逐渐在艺术领域中占有一席之地。

我对盆栽的学习方式是从模仿开始的，看到别人的好作品就一样样地学习照做，就这样逐渐认识了植物、熟悉了技巧。当自认成熟时，却发觉自己栽培的植物与坊间所见盆栽没多大不同，就只是体型小一点而已。回想一下盆栽源起之久远、分布之广泛，就可知在植物上能玩的花样早有许多人尝试过，摘心、修枝、整姿、配盆，这些工作都是每位盆栽爱好者必备的基本技巧，想要再创新风格并不容易。但若是千篇一律做着相同的工作，培育出感觉相似的作品，原本的愉悦会转成恼人的负担。被框入固定格式后，创作的动力也一定会逐渐被削弱。那么怎么办呢？我只好先不再去想着创新的问题了！

从小学起，家中兄弟姊妹的考试名次加起来都不及我的名次，但父亲从不会有什么意见，总说学生的基本要求就是准时上学，下课后写完规定的作业，做到这两件事即已尽了学生的本分，其他的一切活动全任我自己安排，所以我的童年是远离束缚的。结婚后，从事音乐教育的另一半也未曾有过赚大钱过好日子的要求，只是默默协助我把想做的事情完成，一生中对我最重要的两个人都给了我这么多的空间，那么我是否也该给长久支持我生活所需的植物相同的幸福？

几年前我就开始舍弃了强力扭曲改变树型的作法，也不再用拦腰剪断的矮化方式，只是随着季节更替，模仿虫鸟啃啮来做轻微的修剪，或在台风季节想象着强风吹袭的模样做较大的整枝，让植物都能保有原本的性格。我逐渐发觉，人为创作的招式远比不上大自然的无穷变幻，于是制式盆钵开始成为库存，尽量找寻原本存在的自然物品来替代。

舍弃传统的植栽器具与技巧后，如何克服各种障碍是件困难的挑战，经过长时间的摸索尝试，我好像也就稍稍踏入这个新领域，希望喜爱自然风格的朋友们能在此与我分享这些经验，共同进入这个有趣的天地。没有父亲当年的教育，没有妻子的大力支持，也就没了这本书的出现，今谨以此书献给我心中永远的父亲林灿堃医师，以及他的大儿媳翁丽玉老师。

林国承

目录

第1章　石上扎根

第2章　攀附于木

第3章　贝壳上的绿精灵

第4章　野趣小盆栽

第5章　不可思议的盆

第1章

石上扎根

自然界中，有些植物从石砾堆窜出绿意；
有些攀附着岩石，盘根错节。
树木、野草与岩石的搭配，
呈现了自然协调又苍劲坚忍的力道。

常用的几种石材

岩石的质地、外形、色泽差异极大，使用时没有可或不可的绝对性，只有个人喜爱与栽植难易度的差别。赏石原则的皱、漏、透、瘦、丑这些选项，在园艺使用上也完全适用，有这些特征的石材，都是用于栽植的最佳选择，同时也能充分表达出山水画的意境。但即使是平坦的石片，在熟练操作技巧下，也可取代常用的浅型盆钵，而石柱也可以成为植物的舞台。

这些石材在大型的园艺店、水族卖场都可买得到。另一方面，喜爱栽培植物的朋友，一定也有游山玩水的雅兴，顺道捡拾一些石材备用，既健身又省钱。这些石材不晒太阳、不浇水也不会枯萎，家中若有足够空间存放，平时收集一些，搭配植物时更能得心应手。

若在野外搜集石材，务必量力而为，沉重的石材带回家前，得经过崎岖不平的山路，扭伤脚闪到腰都得不偿失。保护大自然是栽培者的基本道德，切忌挖掘、敲击。平日破旧的袜子别急着丢，它们是石材的一流防护套，可伸缩，够柔软，取得的石材先套上旧袜，再置于大容器中，避免回程时碰损磨坏。

我自己经常使用的岩石有太湖石、戈壁石、页岩、鹅卵石，还有不少自己也无法分辨的石块。学生们常误认为老师是高明的设计师，这其实大大高估了我的能力，我只是有幸身处宽敞的工作室，就像衣橱大了衣物也多，再不愁服饰搭配问题罢了。

太湖石

这类石材统称太湖石，但并不全来自太湖。它外表灰黑、吸水力强，吸饱水分后呈现迷人的黑亮光泽。表面因有许多条状沟槽，非常利于根系附着。这些沟槽是长期经水流冲刷切割而成。特别是在湍急溪流就有不少这类石材生成，例如木瓜溪石、秀姑峦溪石也被归入此类。它虽硬却也脆，碰撞之下边角常有缺损，破裂处会失去表面的黑色光泽，此时利用植栽，也可巧妙掩饰一下。

戈壁石

它是产自沙漠中的砾石，含有许多不同的矿物成分，因此色彩变化相对也多。沙漠中大量的沙不是地球形成时已然存在，是历经长久的气候变迁，岩石遭风化后造成的。戈壁石就是那些质地硬、尚未风化的岩石，但它们受到细沙的不断打磨，硬度低的部分已被侵蚀殆尽，留下千奇百怪的各种形状。由于外表光滑硬度极高，连水分都难以渗入，一般草本植物的根系柔软，极难附着，只有根系强大的木本植物才能紧抓不放。戈壁石一般可通过购买得到，选用宽扁的外形较有利于初学者用来植栽。

页岩

其取材上毫无困难，郊区道路两旁的边坡常是这种岩石结构。质地原本就不算坚实的岩石，经日晒雨淋常碎裂掉下，有时甚至可见数十厘米宽的整片滑落。不需刻意攀爬山壁，捡拾掉落地面的就已够用。细碎的岩片可用来铺设表土，既美观又能保护盆土不流失；大片的可用来栽植或取代昂贵的木质盆栽底座。可别看它松散，想要敲破却也不易，只能从边缘薄薄地一片片撬起。利用此特性，很容易用简单工具将它整修成更理想的外形，同时也可除去锋利的外缘，避免操作时割伤。页岩有不错的保湿能力，小型草本植物可在岩片上活得愉快。

鹅卵石

圆滚滚的球状石头如何能当盆钵替代品？鹅卵石原先也不那么浑圆，只是经过了相当长时间的海浪拍击、河水冲刷，加上滚动摩擦，才会出现这般外形。它们平时是躺着不动的，一旦暴雨洪水来临，就开始滚动，在相互挤压碰撞的过程中，总会有破裂的机会，大多一分为二，少数会成片状，更少数破裂成弧形的盆钵样。幸运的话总能找到合适的材料。另外，台风过后的海岸、河边总出现漂流木，珍贵木材被回收后，余下大量无法处理的，往往被就地堆积焚烧。而在这些火堆下的圆石，往往受不了高温而爆裂。这种无意中的破坏，造成的破片外形更是千奇百怪。若有意寻找鹅卵石，不妨看看哪边有漂流木焚烧痕迹，往焦黑地界走去必有收获。

珊瑚礁

海边分布的礁石可粗略分成深浅两个色系：深色的以火山熔岩为多，少部分是玄武岩，其结构紧密硬度超强，除非自行崩落，否则难以利用；浅色系的有珊瑚礁、藻礁，可说是提升植栽自然风的好材料。

珊瑚礁是经年累月由珊瑚虫的骨骼结合而成，有枝状、扇状、片状……各种姿态，颜色都不一样。海岸遍布被浪潮冲卷上来的珊瑚礁碎块，在烈日曝晒下多已呈现灰白色。它质地轻，吸水力极强，密布可供根系附着的放射型孔洞，不论作附石或纯粹作为配景都是好材料，即使初学者也能得心应手。要注意有些市售的雪白珊瑚是经过药剂漂洗，质地不仅变脆，沾土种植后也容易弄脏，更难维持雪白外貌，还是采用未经处理的天然礁石最好。操作时，因稍有碰撞就容易断裂，故要特别小心。

藻礁

藻礁是海藻或海中植物经堆叠挤压，再经长久地质变化形成的类似化石的产物。它与珊瑚礁形状接近，但不像珊瑚礁那般花哨，质地也比较重而结实，表层常是扭曲不规则的形态，有深浅不一的条状沟槽，裂缝不易崩裂，适合加工扩大孔洞，用来栽种较大型的植物相当方便。这些海边捡回家的礁石可别急着使用，先浸泡水中一两个月（期间需换水几回），待去除所含盐分后，才能用来栽培植物。

砂岩

砂岩质地较一般岩石松软，吸水力强，不甚光滑的表面有利于根系附着，比较适合用来栽培草本植物。木本植物的根系容易造成石块崩解。另外，其若长期泡水浸润易逐渐粉化，用来种植耐旱的多肉植物最是理想。

魔金石

魔金石外表有许多凸出或凹陷的变化，极为粗糙，触感几乎就像粗砂纸般，是非常适于附石栽培的石材。又因含有锡的成分，在光照下它会不断闪烁金光，即便单独观赏也极迷人。由于石材够硬、够重、保水力强，任何植物都适合于它。

石栽多肉植物

抗寒、耐干旱又喜欢强日照的多肉植物，主要生长在沙漠及海岸地带，以礁岩、石块、石盆来种植，非常贴近它们的原生环境。这类植物包含多样种类，体型、大小、花色变化极大，一般品种的价格也算便宜，极适合植栽初学者。

石莲的叶子具有发根繁殖能力，放置在砂石或壤土上，只需偶尔喷些水，就能得到萌芽生根的子株。

以石材栽种多肉植物，方法很简单，有些种类甚至无需土壤。例如石莲，它的每个肥厚的叶都能生根发芽，只需嵌入石缝中，放置阳光处，偶尔给水，几乎在无需太多照顾的情况下，就能生长良好。而为它寻找适合、有特色的石器，就是迈开成功的一大步。通常栽植多肉植物，最容易失败的关键在于给水过量，导致烂根，或缺乏日照使植株抽长变形，能克服这两点几乎就不会失败。

球状的多肉植物会慢慢膨大并分生子球，没有修剪的必要。柱状或长条状的就要适度修剪才能维持漂亮外形及植株健康。这是因为地上部过长会增加根部负担，不但输送养分困难，也可能重心不稳易摇动，导致根系被扯断或跌出盆外。修剪后更要拉长浇水间隔，直到新芽发出再恢复正常给水。

舞扇与珊瑚礁

在海边可看到三角柱仙人掌布满整大片礁石，再细看它们的着根处，却只是一小块贫瘠沙地或满是石砾的几尺见方的土堆。靠着足够的光照及强壮的附着根系，它们就能在不毛之地欣欣向荣，所以把体形较小的品种植入小礁石并非难事。

放弃球形仙人掌（礁石孔洞没有足够容纳它的空间），选用分枝性较强的舞扇，找个比它根系稍大的孔洞放入，使用质地较硬的细颗粒土填满，并用铝线将它们轻轻固定，放于能充分享用阳光的地方。之后就如同照顾一般盆栽般浇水，几个月后拆除铝线，若它已不摇晃就表示扎根成功，要是仍未稳立在礁石上，就再重新固定，静待一段时日。

石高 / 5 厘米

京之华与藻礁

在礁石上栽植多肉植物比在木块上有利，细密分布的孔洞让根部能抓牢，也没有积水问题。多肉植物有头重脚轻的特性，于一般盆钵栽植总会选用较大盆钵且种得深一些，才能免于连盆带植物一起倾倒，但礁石的重量就足以支撑上方植物体。另一方面，这些礁石孔洞的生长环境远不如盆中宽广，植株本体就不会长得太大，而是在适应这小天地后由基部分生出小株，像母鸡带小鸡，也组成了多肉小家庭。

全高 / 10 厘米

姬石莲与藻礁

景天科植物若放任生长不修剪，经常就是整体瘦长下垂，仅用前端稀疏挂着几片叶，来证明它还活着。适当的修剪能将它的长度大幅缩减，并促使它分枝形成紧凑结实的外形。平日照顾特别注意剥除枯干的老叶片，渐渐露出利落的枝条，让植株伸展出应有的姿态，否则再怎么栽培恐怕就是拥挤的一整团。

石高 / 7 厘米

石莲与戈壁石

把耐旱的石莲安置在戈壁石小小的凹洞里，它也能长得不错。不过时间久了，它的茎会变长，姿态有些不美。但若一刀剪下，就只剩下光秃秃的枝条了。怎么办？别怕，一个月后这光秃秃的枝条会萌生几个小芽来，等这些小芽变粗壮之后，只留下最低的芽，将上方再次剪除。如此反复操作，每次剪短后，重新生长的芽都会造成线条的改变。要是耐心足，下手也够干脆，那么几年后就会形成这种曲折变化的枝干，充满岁月的苍劲美感。

石高 / 10 厘米

猿恋苇与麦饭石

这有趣的多肉植物，每年春季会在枝端开出鲜黄或橘红的可爱小花，但花期以外的期间，倒像是该减肥的木贼。它的根系不太发达，枝干也不够坚挺，要支持日渐成长的体形会有力不从心的困扰，所以它常以下垂方式来克服。如果它往侧边生长，它更容易形成重心不稳，风大时难免连盆倾覆。选用重量较足的砂质土，不但可使它站得更稳，也利于排水。我的栽培场所东北季风威力惊人，因此特别配上了麦饭石制成的盆器，这可使它稳定生长。

枝形杂乱过长时，别任意把枝条剪断，需由节间处整齐剪除。这样，它不但外形较优美，也能很快就再萌生新枝。花谢后是修剪的好时机，剪下的小枝，扦插成活率也相当高。

石高 / 12 厘米

高加索景天与石盆

这是来自寒凉地区的多肉植物，在温热气候中容易长得松散，必须控制水分，并且常加修剪，慢慢让外形变得紧密细致。它的枝条柔软，很容易塑造出成片覆盖的姿态。

石高 / 5 厘米

石莲与珊瑚礁

石莲，这个看起来娇弱，一碰就枝折叶裂的小东西，其实个性强韧。这一株原本只是一段顶端的嫩枝，剪下后，直接插入礁石上的孔洞，再填入不到半茶匙的土，几个月后不但站稳脚步，更开出长长的花梗来。栽培上根本没什么技术可言，只需每星期把礁石彻底喷湿即可。

石长 / 5 厘米

石莲与戈壁石

这戈壁石有许多纵列深沟，从长枝条上剪下的一段石莲，茎的粗细正好与裂缝相符，于是将它卡进石缝中，让它发根附着。虽然在推挤时略有破皮，却反而帮了小忙，伤口在愈合之后，新生组织正好黏住了裂缝边缘，让它能依附得更紧。图中的石莲品种名叫“冬美人”，叶片和枝条都显得比较肥厚。单单一株立在方厚的戈壁石上，极可爱。

石高 / 3 厘米

石莲与鹅卵石

这是从海边捡来的石片，一个大鹅卵石前缘崩裂的碎块，就像天然的盆钵般，无论植入什么都好看极了。石片虽也能使水分渗透，但速度并不快，为了使青苔生长良好又要避免耐旱的石莲烂根，就要小心控制水量。如果懒得多费工夫，最保险的方式是直接在底部钻孔，让水分畅通。

石长 / 15 厘米

石莲与藻礁

此礁石的凹槽够大，像似天然盆钵。藻礁表面会有不少孔洞。栽植时不见得都要把它们装满石莲，留下几个空洞会有更好的感觉。此盆单独种一株大的在中间，营造众星拱月的气氛。日照充足就能让叶片色彩亮丽且长得结实饱满。

上图石高 / 14 厘米

这么热闹缤纷的作品非我能力所及，土地公也有一份功劳。十多年前在这礁石缝隙中插入许多石莲叶片，初期还会看看叶片是否掉落，补上后再把小草拔除。几个月后看这些叶片已发细根及嫩芽，就知道它们可以自己活下去。这礁石约有十千克重，连台风也难以撼动，加上几乎不用给水，身强体健不需照料的体质引来缺乏母爱的后遗症，自此就伫立在长长围墙的最远端，隔了好久才会去拔一下土地公送来的杂草。但小草一旦变大，就只能拔除礁石上端的部分，已深入石缝中的根系无法清除，长年下来原本的石缝空隙渐被草根填满。随着腐坏与新生持续循环，这些区域竟充满有机质也有了保水能力。有一年，土地公改变口味，开始改送蕨类孢子过来，自此蕨类成丛生长，往后的杂草种子反倒无法降落到理想地带，干湿两派的要角不再分房而居。以上就是这圆满家庭的成立经过，全依天时地利而成，无法硬编出一套高明技法来说明。将之置于有阳光处，只需每周一次浇湿石块。

左页下图石高 / 28 厘米

石片舞台

在平整的石面上，首先只要解决了根系固定的问题，让植株可以挺立。假以时日，当发展出的新根牢牢抓住粗糙的石面，植栽就能以此为舞台，伸展出风格迥异的面貌。

无论是薄薄的石片、厚厚的石砖、高高的石柱，植物生长其上，最重要的是表土不能流失，因此除了要覆盖青苔来保护盆土，每次的浇水更要以喷雾式轻柔进行。

实作
石台上的栽植技巧

1 选择有平整表面的石片，在正面钻出一个小孔。

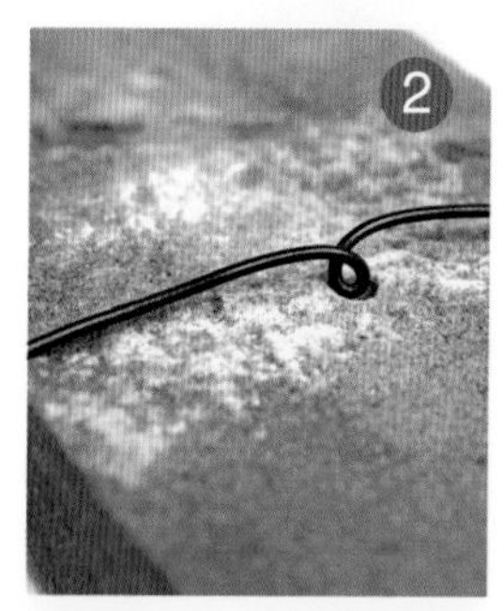

2 用一小段铝丝，由中央部分折出一个小圈。

3 将这个小圈调整成正好能卡紧孔洞的大小。

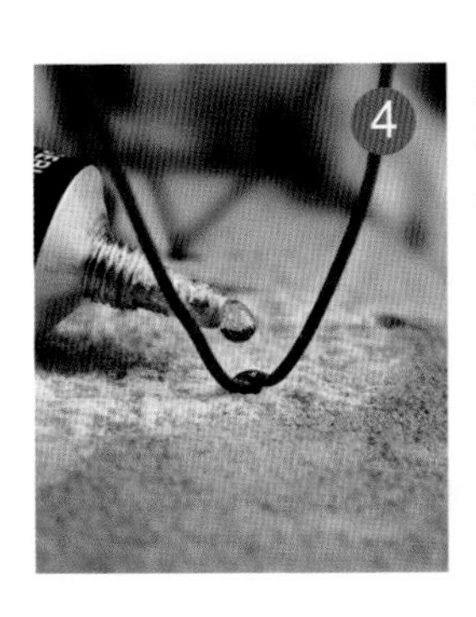

先清除洞中粉末，再以黏性强的胶将铝丝固定于洞中。

初学者最好以蕨类作为第一次的施作对象，因为它们的根系柔韧易于处理，新生根系的附着力也强。

刚采集来的小苗不适合作为材料，图中的全缘贯众蕨已在盆中养育约 2 年，根系已能紧紧抓住土团，移植于石台上的成功率较高。

先除去下方的盆底网，再轻柔地将土团压成底部平整的圆锥状，尽量别把土团弄散。

置放于石上，底部需与石片表面平贴。

将铝丝由土团约 1/3 高度卷绕起来，不要打结才不致日后影响根系发展。

固定妥当后，即使倒悬也不会松脱掉落。

用透明封箱胶带在石片周围圈出一道如盆壁般的矮墙，保护植土不致松落。

直接用细粒土壤将空隙填满。

土壤填好后再轻轻包覆，不要卷得太紧，只要使外形能固定，植土不漏出即可。卷得过紧会使排水困难，造成烂根。

根茎交界处必须露出，让根系能有空气交换的能力，也便于浇水。完成后以浸水方式让植土充分湿透，日后就照平常照料方式给水即可。

为了让读者明了根系的发展情形，特地将已在石上度过半年时光的楦梧，拨除覆盖表面的青苔及部分土壤，发现新根已漫过原先圈住它们的铝丝，也有部分新根已贴着石面生长。

几个月后就能由植物的生长情形判断它们是否适应这种栽培方式。若有明显的萌发新叶，即可拆除胶带，再刷掉表层的部分土壤，并妥善覆盖青苔以保护表土及根系。通常半年左右就可栽培出不落俗套的成品了。

光腊树

近年来，我渐渐爱上在石片上栽培植物，起初的动机竟是为了省钱。又大又宽的浅型盆钵常会有高低不平的缺陷，完整无瑕的又往往价格高不可攀，于是海滨河畔成了我搜寻的好地点。虽然每次的弯腰寻觅以及搬运都相当累人，但既能省下开销又能有较接近自然风格的作品，很值得！

这株近二十岁的光腊树，从小苗开始就只用轻微修枝及摘芽的方法来控制生长，就像剪头发、修指甲般的日常工作。它至今不曾领略被金属丝线缠身，被折臂曲腰的滋味。若将这样的野孩子置于精巧盆中，想必像是被套上缰绳的野马般难受，更像要我穿燕尾服拔草一样怪异。树是天然的，石片是天然的，小心地把人的工作轨迹藏起来才是重要课题。

石高／2厘米

榼楉

厚重的石块比轻巧的石片多了一份沉稳，用来搭配树龄高的植株更合适。栽培方法与浅平石片完全相同，将植物移植到平面石板时，根系得先修剪平整才能平贴稳当。既然修了根也就顺势把叶片全部剪除以减轻负担，春季萌发的新叶在历经虫咬、日晒一段时间后，入夏之际会有相当程度的损伤，正好利用这机会做个美容。约两周后新叶会再萌发，那时焕然一新的外衣可维持到入冬。这也是盆栽工作上所说的剔叶作业。覆土后要立即覆盖青苔，以保护表土及维持水分，为防青苔在干燥时干缩脱落，可用细棉绳略作捆扎，等附着生长良好后再将细棉绳剪断抽出，捆扎时间约一个月。

石高 / 4 厘米

耳挖草

草本植物通常以又细又密的根系抓牢地表，不像木本植物以强大的主根支撑高大身躯，所以将草本植物植于石片上就不需以繁杂的手续来固定根团，只需以封箱胶带包覆，经过约两个月的时间就能自行附着于石片上。届时拆除胶带，覆上青苔就宣告完成了。

石长 / 11 厘米

紫花酢浆草

紫花酢浆草极为强健，对环境适应力非常强。当土质不够丰足时，它只会萌生小叶片及短叶柄，使自己不致无力支撑。而这种小体形的模样也是栽培者既爱又怕的面貌：想要维持它可爱小巧的身形，却又怕它营养不良，水分不足。请别这么紧张，只要维持这土表的青苔活着，紫花酢浆草也就能活得自在。左图是冬季酷寒时的模样，三个月后，天气才转暖，短时间里它就会长得很茂盛。只要别给太多水，叶片也不会变得太大。

石长 / 19 厘米

白鹭莞

春节时好友送我一株小草，要我等着看。我认不出它是谁，只确认是湿地型植物，便搁置在一堆植物群中。在入春后，一枝枝白花探出密集叶丛，风一吹动就像拍翅不停的鸟儿般，我这才知差点错失璞玉。

学生时代恨透了作文课，文房四宝在眼里全是过时的器材，改用瓶装墨汁后，颇有分量的砚台再也不用塞进书包，现已成了压制树叶标本的帮手。看着白鹭莞散发出的脱俗气质又实在不知该将它移进哪种盆钵才好时，瞥见这小方砚，心想：就是它了！不如就让这白鹭莞附庸风雅地沾上一点书卷气。完全无需穿孔打洞，浅浅的砚台凹陷正好容下土团，无法排水的湿润土壤也正合它的喜好。

白鹭莞照顾不难，有充足的水分、光线即可，偶把折断或枯黄叶片拔除就可维持很长的观赏期。栽植久了会渐渐变大丛，此时可用分株方式将它们拆解成几个小株，分送好友制造下个惊喜。

石片高 / 1 厘米

针蔺

为了使青苔能更服帖生长而绕上棉线是我惯用的方法，待青苔附着土面、石面之后就可拆除棉线。将棉线拆除只是为了看起来清爽一些，不拆也不会有什么妨碍，看来像湖州粽也别有风味。像这类根系细密的草本植物，很容易直接移植附着在粗糙的石面上，最后再附上青苔就算完成。

石长 / 12 厘米

石板上的海棠

建筑工地旁常可见废弃或多余的建材被堆放一旁，捡拾前询问一下较不易发生误会。这石板原是预备粘贴外墙，不平整的表面正好在角落有一处特别凹陷，于是把花市刚买来的小小虾螟海棠移入这角落，虾螟海棠的根系虽不强壮，但细密的小根却容易附着在粗糙多孔性的石材上。小型植物不见得就要搭配小容器，放在这么宽大的石板上，非但不显得渺小，反倒成就了宽广的大景。

石板长 / 40 厘米

落羽松

倒骑驴的那位前辈学者一向是我的偶像，顺势而为当然也是我处理植栽的原则。落羽松自萌芽之始就需为了争取足够日照一路向上蹿升，而且根也毫不逊色地往下直走。这种生长模式是它求生的必要方法，一旦生长落后就会遭遮蔽而早夭，即使同胎兄弟姊妹也无法避免这残酷的竞争。因此在播种后的两三年间，它们都像盆中一炷香，直根也会在到达盆底后仍不停歇，导致把自己顶起。我的苗圃正迎向东北季风灌入的缺口，未亲临现场绝对无法想像那持续不断令人头皮发麻的风势。将落羽松埋深一些虽不再倒伏，却造成往后的根盘形态不佳，换盆时更遭到考验；把树干剪短以避风头情况又更惨，原来它们未生长到一定高度之前并不萌生侧芽，原本长得像香一样的身材竟成了成排燃尽的香脚。无奈地与这些枯枝对望之时，那倒骑驴的影像闪过眼前，无为而治这学说开始成了我与落羽松的共修课题。

尽管被风吹歪吹倒，只要别掉出盆外就能活着，被直根顶出的则把长根剪断再放回盆中，遵从老子的理念之后，它们多半存活了下来，但横着生长也成了统一体形，度过艰困的幼年期后虽已变壮，也有能力站起，但既修习了这门课程，就贯彻到底，从小是躺平的，现在也继续躺着吧，悬崖树形也是很自然的选择。

石高 / 7 厘米

小叶桑

花岗岩块在园艺中是重要且被广泛使用的石材，它纹理色泽漂亮，重量足够，施作方便。以前，我偶尔也会帮朋友处理小庭园，每每有多出的几块花岗岩就带回苗圃。有一天，才刚踏入工作园地，就见一大群蓝鹊正奋力争夺爱犬所打翻的饲料，看它们快乐地拍翅摇尾真是温馨之画面，正怀疑我的两条爱犬为何不在家时，惊见满地的盆栽已如失掉外壳的寄居蟹般四处散落……古有明训：养兵千日，用在一时。故我将收集了好久的花岗岩全搬到工作台边，把那些被扯出盆外的小家伙一一固定、栽植在这些沉重的岩石上，相信日后再有大鸟来袭，顶多掉发折臂，再也不用火冒三丈地收拾残局了。

石高 / 9 厘米

石斑木

传统盆栽讲求矮壮宽的大树风范或枝干变化的曲线，要达到这种程度必要有长时间的等待。栽培过程中的年轻苗木当然不具有这样的气派，但没想到用一块花岗岩就能改变气氛。在这舞台上，它稚嫩的枝条也能有青春活力的展现。石柱上的栽植方法并无不同，要注意的是因为厚重搬移不易，最好选定方便浇水又有好日照的位置。石柱四面要刷洗干净，维持清新面貌，偶尔进屋随处摆着也相当赏心悦目。

石高 / 10 厘米

山菜豆

山菜豆这名称看来相当巧致，但在野外它却可长成庞然大物。它的生长情形最适宜作为小型盆栽，上方枝叶被修剪矮化后，根基部仍会持续变粗不似其他树种会停滞不前，选用它作为附石栽培的素材更是一级棒。

图中的山菜豆是在培养盆中完成附石作业约一年后，再移置薄薄的石片上。在石片上的这五年，由于没有太多的伸展空间，它也乖乖维持原有体态，但附在石上的根竟不知不觉变粗了两倍。小品盆栽的难处与珍贵之处，就是得想尽办法维持小又能品，并且还要持续缓慢生长。要是把什么植物都种在大盆里，那么既不小又无可品的结果必然发生。

全高 / 12 厘米

山槭

在直耸的礁石中段附着了横向生长的山槭已三年了，有一天满心喜悦地把它由培养盆中取出，预备移入成品盆时却无法顺利完成。翻找了几十个盆钵，每一个都有太浅、太深、太宽或太窄的问题，看来相配的却又重心、重量都不对劲。随手把这块已在墙头摆了十多年的太湖石搬下来试试，没想到竟一拍即合，于是将附石作品再植于石上的作法无意中就出现了。

太湖石沟槽很多，容易找到固定铝线的点，无需钻孔就能将上方石柱与厚重石盘紧密结合，等青苔植好了，石与木就是浑然一体的自然风。

石长 / 30 厘米

草莓

这是野生在中高海拔的地被型植物，原本的结果量就不多，栽植于浅平石片上更无法寄望它长出太多草莓，但它的叶片就像绿色百褶裙般细致，光是欣赏这叶就值得栽培。可别以为它看起来娇弱，就一直放在阴暗处，一旦长时间阳光不足，叶片就会变大变薄变黄，失去迷人风采。

石宽 / 14 厘米

附石的形态

盆栽上所说的附石树型，并非指用石材来作为盆钵，或是植株旁装饰性地摆一块石头，而是要将植物完全附着于石的表面，可见得到植物的根系在石面上生长。

要完成附石的形态，需要多些技巧，多些耐性，多些时间。性急的初学者，不妨先以石材为容器，等熟悉石材的特性之后再进入学习更深一层的技巧。事实上，这看起来困难度高的附石树型，只要你真正理解植物根的生长特性，顺势而为创造出附石、露根，做出它并非难事。达成之后，也必定有很高的植栽成就感。

实作 附石栽培法 ①

以脉耳草与珊瑚礁为例

准备好原先就有凹隙的珊瑚礁及一小株脉耳草。

取出植株后仔细去除旧土并将纠结的根系整顺。

确认适合位置（能站稳的角度）。

以薄薄一层水苔覆盖根系。

用细棉线或橡皮筋捆扎。棉线日后会分解消失，橡皮筋也会松弛脱落。

捆扎时须捆紧，以防松脱。

置入瓦盆（即俗称的素烧盆或红土盆，透气排水性都远比塑胶盆好），并填入颗粒较粗较松的土壤，这可使礁石的含水量高于外围环境，诱使根系朝内部发展。

浇水时尽量只把礁石及根系位置浇湿，周边土壤则刻意不浇透，让根部往礁石深入。

给予充分日照，这不止是因为脉耳草喜欢日照，也因为若石面经常被晒得干热，根系自然就会往舒适安全的礁石内部发展。约半年后取出，植物与礁石已经紧密结合，只要去除表土及水苔就行了。此后植物就在这礁石上栽培，经过几次修剪，就能得到细致的附石小品。

实作

附石栽培法②

以黄花酢浆草和戈壁石为例

先在石块上找出可用的凹洞。若洞穴是倾斜的，为了避免土壤流失，可利用黏土在低处筑出矮墙。

取出培养盆中的植物，将植物根系剪短，不仅让它可以植入洞穴，同时还能降低生长速度。

最后要做好水土保持，以青苔、扁木片或石片等覆盖土表。

虎耳草

许多朋友在栽培植物时，总免不了有充分利用空间的习惯，就像这块珊瑚礁，往往将最大的凹洞拿来填土种植，结果体型优美的礁石就单纯成了盆钵的代用品。如果我们只使用一小部分，让礁石的原貌能保存下来，那么海洋气息也更能散发出来了。

石高 / 7 厘米

山苏

阴凉潮湿处是山苏的最爱，从这习性，就知道该如何照顾它。它的根系附着力超强，只种在高墙围绕的盆中，未免太浪费了它的本领。选择略粗糙的石材，凹陷处薄薄铺层细土，将根修剪至能密贴石块，再用铝线固定，以不摇动脱落为准则，过紧可能会造成根系受伤。完成后，放在略有日照的阴凉通风处，初期要经常以喷雾方式来补充水气，偶尔转换方向，免得新生叶片全都斜向光亮处。等大约冒出4 ~ 5片新叶后，就表示根系发展得不差了，这时，拆除捆缚的铝线就大功告成。

石长 / 14厘米

菊

本品采用了看似复杂的栽植方式，其实很简单，有足够耐心即可。选取原本体型就小的品种苗木，利用材质松软的石上孔洞（珊瑚礁这类石材最好），连土团直接塞入较大的孔隙中。待它生长顺利之后，只余基部上方2～3节的长度，其余剪除，让它再度萌芽，并促使根基部发出侧芽，接着等这些新生嫩枝够壮了再剪除。如此周而复始修剪就会得到这样的外形。前言提及要有耐心，指的就是勿操之过急，也别懒于修剪。这盆可捧于掌中的迷你作品，已经照顾了六年。

菊花的枝梗是中空的，储水能力不良，平日可置入浅水盘中，让水分由毛细作用湿润根系，绝不可全都泡在水中。娇艳欲滴的花朵谁都爱，残花就不讨喜了，所以花开末期前尽早去除之，以避免结果，终究果实并不漂亮，还会把大部分营养转移到种子上，常在种子成熟时枝条也随之枯干。每次剪短枝条要果断些，留得太长会致使整体外形松散，也会因体形太大造成石中的根系无力负担上方需求，植株看起来无精打采。
栽培一、二年生的草本植物，若能维持不让它顺利繁殖后代，往往就能迫使它延长生命周期，虽然看似违反自然，却能运用在栽培技巧上。

石高 / 5厘米

菖蒲

菖蒲喜欢把根深入潮湿的处所，但不是有水就好，它算是够挑剔的，偏爱干净的砂质地，烂泥则不屑一顾。要它当个水质检验员是绝对够格的，污染地带几乎看不到它的踪迹。

生长在湿地却没有粗壮的根系，全靠坚韧如细麻绳般的须根把自己固着在定居处，就算大雨来袭水位增高也不会流离失所。它的叶片狭长扁平，色彩与植株大小因品种不同会有相当大的差异。平日可置于浅水盘中培育观赏，光线充足处叶片色彩会鲜丽许多。盘中水要经常更换保持清洁，不可让叶片淹没于水中，水过深容易造成腐坏。

下右图石高 / 13 厘米、下左图石高 / 6 厘米、右页图石高 / 4 厘米

石上扎根

卷柏

蕨类植物天生就有附着介面生长的本事，卷柏更是个中高手。这作品的制作方式是先让卷柏平贴于礁石的侧面生长，而不是完全把礁石覆住。我觉得根系与石各据半壁江山，看来会更生动。等待卷柏附着成功之后，再以铝丝将礁石固定于另一片扁平礁石上。最后底座再覆土、铺上青苔，让它呈现浑然天成的感觉。若以传统方法将其植于盆中，恐怕就失去了些许野趣。

入夏完成的作品至冬季已开始产生变化，原先安排好的半壁江山渐渐地模糊不清。经过半年的生长，根系与青苔侵犯了国界，底座又有随风飘来的小草种子定居，看来更像个小花园。如果将植物长期置放于室内就不会发生这种趣事。不过要记得，这些小草的生长速度相当惊人，放任不管的话不但影响卷柏本体的生长，也会破坏视觉美观。小草约在3厘米高度时拔除较好，说不定下回还会出现不同种类的小草。

全高 / 12 厘米

作为底座的礁石钻两个洞，穿过铝丝，就可将上方的附石卷柏固定。

防葵

防葵是海边植物，根据生长环境不同，可以长高至1米，也可以仅仅数厘米高。其附石生长之后，就会一直维持小小体形，只要有充足阳光，就能短小精干、饱满结实。它的花不与枝叶共生，而是单独长出花梗，如不欲收集成熟种子，花谢了就把整个花梗剪掉。

石高 / 6厘米

黄花酢浆草

黄花酢浆草的三裂小叶片、精巧的花朵，再配上婉约摆动的枝条，任谁都忍不住想轻抚一下，但又为何如此狠心将它剪得光秃秃呢？别紧张，一个多月后它就会比原先更美的。

移植时无论多么小心，总难免影响了根系的完整性，枝细叶薄的它本身就无法贮存足够的水分，若不事先剪除以减轻负荷，可能几个小时后就已凋萎，下了重手才能迅速复原。柔嫩的根系只用橡皮筋轻束于石上，再用土粉填满孔洞即可。

石高 / 4 厘米

蔓榕

选择适合自己环境的品种，就是成功的捷径。蔓榕有几个品种，最常被用在盆栽上的应是“越橘叶蔓榕”。这名字又长又拗口，老是有人漏字或将它重组。约十年前有位爱喝咖啡的社大同学，总在上课前为我奉上一杯热腾腾的提神饮料，更贴心地为爱甜食的我加入两包糖。有次上课前我正在整理教材，他一面搅拌一面问这棵小树是什么，听我说之后，他搅拌的速度变慢，并问道：“真的吗？”此后，我只需把这小故事说一回，就绝不会有人记不住它的全名了，他以为听到的是“越急越慢溶”。

石高 / 10 厘米

青枫

为了让全株有种风中摇曳的气氛，不采用剪除顶芽的传统方式，反倒把侧枝都除去了。看这整体造型，或许有人认为只要把一颗种子塞入孔洞中就成了。如果这么做了，刚冒出的新芽会奋力向上，但眼睛看不见的根也拼命向下深扎，狭窄的孔洞无法使直根穿透，于是它会将自己顶起而摔落石块旁，待你下班回家它早成了一根枯枝。

栽培方法还是按部就班才能有好结果，耐心等候小苗在培养盆中度过约两个月的时间，再取出、剪去大半的强大直根，这才可移入预备的礁石上。此时不再有往上顶的力量，而是开始发展侧根，也会使植株与礁石更为紧密。

石高 / 4 厘米

雀榕

雀榕是植物界中恶名昭彰的杀手，除了造成其他植物被它的根系纹勒闷死之外，人造的建筑物也难逃毒手。所以将它们栽植在小礁石上，需经常修剪枝叶及冒出石缝的根段，以免将礁石崩裂。经常修剪能使外形矮化清爽，也能延长在礁石上的生长期。雀榕生长力强，可直接剪一段稍有造型的枝条，就在礁石孔洞中进行扦插，一样可以成功。

石高／ 10 厘米

沿阶草

沿阶草有许多不同品种，通常绿叶种被称为黑龙草或玉龙草，白叶的就成了白龙草。它们生性强健，非常容易培养，只要维持湿度，拔除老化叶片，就可一直维持原样经年不变。

此附石的制作方法稍有不同，先把石片平放在宽大的浅盆中，将沿阶草的幼苗直接放在礁石上，然后覆土，只让叶片露出，根部及石头都盖满。它根系发达，一年后就会穿透礁岩。接着慢慢分多次将石上的土清除，让根系习惯曝露在阳光下。再一点点地扶正，并且修除穿出底部的根系，强迫新生的根深入礁石内部。

上图石高 / 9 厘米，下图全高 / 12 厘米

武竹

不知读者们是否注意到许多新建完成的住宅，开发商即在阳台花槽植入武竹。住户迁入前可能几个月都无人浇水照料，但它看来仍是绿意盎然，细小叶片间杂几颗鲜红的果子悬垂外墙，显见它们的耐阴耐旱功夫非比寻常。武竹的根部不但有类似肾蕨的保水器官，甚且更胜一筹，肾蕨的小球一旦露出土面很快就会萎缩，但武竹的块茎却能在烈日下继续生长膨大。栽植时，若把这些造型奇巧的部位埋藏在泥中，就太可惜了。

用来栽植的鲜艳石块，是河边捡到的破碎砖头，被河水、砂石冲刷形成了浑圆温润的体型，只需用小锤、钢钉在顶上敲出约 3 厘米深的孔洞，就可把修剪后的武竹植入。砖块本身的材质就能顺利排除水分，完全无需费工钻出排水孔。

石高 / 4 厘米

石盆是安居所在

石，是完全天然的产物，与植物搭配演出绝对合适。野外捡拾是搜集的途径之一，但这些遍布地表的石材，要遇到能直接用来栽植的并不多，初学者恐怕还是直接购买加工完成的石盆较理想。石盆质重，对于容易倾倒的树型、树种，有绝佳的稳定性。

随着经验累积，观念会改变，技术也会精进。在制作过程中不妨预先搜集一些美观的石材，等来日变身为盆栽老手，自然就能发挥功用了。

实作

石盆种植法

以紫杜松为例

石盆在花市就可买到，挑选时务必要看盆底，除了排水孔之外，还要有贯通底部的沟槽，才能使水顺利排出，也让空气交换能顺畅。若是以鹅卵石开孔而成，要确定稳定性，以免植物种入之后会如圆球般滚动。

备好石盆、植物、粗粒土与细粒土、盆底网。

先松开根团，整理并修剪植物的根系与枝叶。

按一般种植方式，依序铺上盆底网、粗粒土，将植物置入，最后再填上细粒土即可。

盆面的装饰就凭个人美感与需求。此盆种出悬崖型树姿，表土铺上了小块树皮。

菝葜

爬藤植物通常有不懂节制的生长习性，生长空间足够就会一路往前冲，野外环境是它们尽情挥洒的天地，但受限于盆中就会缓慢些。即使如此，修剪也是必要的。经过修剪，叶片会变小变厚，色彩更鲜明，性状也从爬藤变成直立的观叶植物。

菝葜的根系相当发达，常纠结成块，当你发现全株似乎被抬高顶起时，就表示根团已在盆中纠结无法容身了。这时就要将植株取出，剪除白嫩的新根，连同上方的枝条也要剪短。重新种植时，可将原本土中的地下块茎稍微露出土面。这块茎形状相当特殊，观赏之余，也能借此减缓旺盛的生长力，延长下次换盆的时间。

石盆高 / 5 厘米

三叶五加

三叶五加是半蔓性植物，所以栽培一段时间之后就会自动变为斜干、半悬崖，甚或倒悬式的悬崖树型，再努力也难以成为顶天立地的模样，所以就顺其自然吧！只要修剪就能得到分歧的枝条，否则会一路向前生长。但每年四月之后就不能修剪，以免在夏季无法绽放出如烟火般的小白花。若不需采集种子，那么花开完后就是修剪的时机。此树扦插容易成活，栽培上选择有分岔的枝当插穗，比单枝有利于造型。

以观花的角度来看，每个枝头都布满花朵，是成功的栽培，但换以盆栽造型的角度来看，枝条过长结构松散，是失败的作品。每当碰上这种春季着花于新枝顶端的植物时，总像小学生面对是非题般，只能选择一种答案：是要看它花枝招展，还是狠心剪断往上直去的新枝。困扰了这么多年后才发觉自己真是笨。“开完花后立刻修剪不就好了”，班上同学这么教我。

石盆高 / 7 厘米

狭叶南洋杉

高大挺立层次分明是南洋杉的本色，如今为何以充满热带风情的优雅面貌出现？维持盆栽植物的自然树形固然重要，但偶尔使它们改变身形，不但乐趣无穷，也是技巧上的磨炼与挑战。

杉木虽然是针叶树，但以扦插方式来繁殖却也不难。一般人会剪取上方的直立枝条来扦插，这会维持它原本的生长方式；但若剪取侧向生长的枝条作为插穗，它就会承袭侧枝的所有特性，斜向或横向发展。通常只要在生长期间适度摘芽，使它分生更多横向细枝，就能成功。

如此，既以不常用的方式培育，不妨也舍弃常用的陶钵。这儿用了麦饭石凿出的容器，由于底部重量的增加，使斜干树形更加稳固。而这斜向树姿加上外露的根部，还像极了沙滩上被强劲海风吹歪的棕榈。

石盆高 / 6厘米

实作

木座上的野草栽培

以通泉草为例

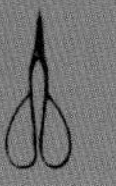

1 备好木块、野草、细质土。

2 将土面抹平后喷湿。

3 通泉草属浅根性植物，用小铲子就能刮起，将它们倒翻在手掌上，先去除根系间的小石、叶丛里的枯枝落叶等杂物后，再以细土填满根系。

4 以土堆出像个小山丘状的隆起后，再喷湿，要确定湿透才不会在翻转覆盖漂流木时崩散。

5 小土丘完成的模样。

6 覆盖之后，轻轻将这土丘平压至可以与漂流木完全服帖（切勿用力过猛将叶片都压伤了）。

7 用细绳将边缘部位轻轻固定，使它们密贴得更好，2～3星期后，迅速发展的细根就可渗透土层，钻入漂流木表层木质，此时再将细绳拆除即可。

实作

攀附木头的栽植法

以猿恋苇为例

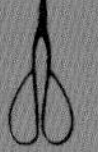

备好木头、培养一段时间的植物、水苔与透明胶带。

选定要附着的位置，并整理、修剪植物根系。

根系服帖木头缝隙之后，用水苔包住外围，轻轻塞入木缝中。

以透明胶带固定，但木头底部不能封住，以利排水与通气。

再用铝线固定，并充分浇水。之后置于阳光下，依正常方式照顾，直到发现有新根长出（夏季约一个月，冬季约两个月），就可拆掉胶带。

杜鹃

平淡无奇的木块，就算单纯作为栽植道具，让植物完全覆盖其上也无妨；但造型纹理皆如此美者，总要充分展现才好。上方的凹洞不深，很适合浅根性的杜鹃，栽植数日之后，为了让顶部看起来热闹些，又再加入几株白花品系的夏枯草，以及在下方的小小彩叶草。

木高／53厘米

紫花酢浆草

园艺工作者可说恨透了紫花酢浆草，长长一条根茎下方，附带无数等待冒出芽的鳞茎，将最大的一撮拔掉了，立刻有更多小家伙窜出，无论如何都无法把它们赶出花圃、草坪。但这么棘手的野草，没想到摇身一变成为主角，却也能风情万种。

紫花酢浆草底部有条状似白萝卜的粗大鳞茎，这是它赖以扩张族群的重要器官，能储存大量水分、养分。有了这丰富资源作为后盾，它不但能自身茁壮，还能分生出无数的后代。如果我们把这器官切除了，它就会失去靠山以自己活命为重，再无余力顾及其他，而把水分、养分转存到现存的鳞茎上并且逐渐变胖。

它的地下鳞茎原本埋于土中，种植时不妨将它们半露出土面，接受阳光直射，让它由原本的灰白渐渐转为褐色，2~3 个月后再将植株整个取出，再一次剪去土中又生长出的半透明状鳞茎，然后再种回，但此次让这颗已变胖的球离土更高，并选用比原本更小的盆钵。如此反复几回，它会渐渐改变生长习性，开始把所需养分储存到上方的鳞茎球体，同时也因日光照射，把露出土的鳞茎变得黝黑健壮。此时，它已被我们的耐心驯化，变成了乖巧宠物。

此盆紫花酢浆草在开始种植时，只是一棵小小鳞茎，在小小的孔中填入少量的土，日后根系就逐渐侵入木质中，只要日照充足，它便能进行光合作用产生足够的养分。由于原本生长空间较小，难以长成硕大球体，因而分生出更迷人的一堆球状鳞茎。

紫花酢浆草在失去地下水库之后没原先那般强壮，于是在酷暑时节会用夏眠方式度过。这时可别把它们丢了，天气渐凉就会再长出新叶，同时也把紫色小花带了出来。此小品的容身之处不过是钻了可排水孔洞的木块，不花钱的容器最美。

木高 / 11 厘米

芦荟

芦荟成为食材、药材或美容材料的机会似乎远大于观赏。它给人的印象就是随便丢着都会活，因此没多少人愿意花时间去照顾它。于是土壤贫瘠、排水不良、日照缺乏、拥挤不堪，其他植物难以生存的各种不利因素常伴其一生。可是它虽然瘦弱、东倒西歪，有时更只余一条细根留在土中，却仍然活着。

芦荟喜欢排水透气都优良的土质，一般市售培养土大多过于松软且重量不足，不易使它们挺直站稳，若混入约三分之一的小碎石，以上问题就解决了。环境适合的情形下，它们生长迅速，也会很快自基部分生出小苗，若小苗冒出较多时，需将它们取出另植他处。大小共挤一盆，不仅生长不佳，也无美感可言。

将这些小苗分出时不见得都要植于盆中，选用质地较松的木材（当然要略具造型），以胶绳将根系与根基部（根与上方叶片的连接处）轻轻捆缚于木块的侧面，再置入小瓦盆（不要使用塑胶盆），用小碎石填入，填满至根基部。接着，将它们放在阳光充足处，每天浇水一次。浇水方式是成败关键，不是将全盆浇透，而是小心只让这木块湿了即可。这样一来，逐渐发展的根就会紧附着能提供水分的地方伸展，有时甚至直接窜入木材内部。约三个月后再将它们取出，小心拆除胶绳就大功告成。

通常秋冬时期需花较长时间让根附着在木头上。它们会懂得控制自己的体形，木块大就长得较大，木块小也就安于现状，这是非常值得一试的园艺游戏。

木高／4厘米

傅氏唐松草

栽培容器是养了近二十年的杜鹃根部。那盆杜鹃在某次台风天，被吹翻落在墙外草丛中，过了一个月发现时，已成了“木乃伊”！长久的工夫转眼成空，自然是极不甘心的，于是加以修整，让枯木翻新成这株小草的新家。唐松草细致可爱，在小小环境中也能顺利成活，花期从冬到春，小小白花非常温柔迷人。但嗜水的它必须要时时保湿才行。下图为刚种植的样子，隔年已经长得更茂盛又开花了。

木高 / 16 厘米

卷柏

只要有水分与光线，卷柏就能活下来，生命力超强，即使干枯了再泡入水中也能再度伸展叶片，仿佛忘了那场旱灾一般。但这不表示它的生长速度也一样高明，它俗称九死还魂草或万年松，要育成这结实粗壮的外形没有十多年光阴是无法达成的。而那段时日也并非在这诗情画意的环境中度过，而是在瓦盆中奋斗。

几年前赤脚涉水正要前去清洗苗圃进水口时，踢到这块木头，本来只想顺便拾回作烤干土壤的燃料，却因太大塞不进我的小炭炉而作罢。想把它劈了又见木质纹路曲折，难以分解。正想扔掉它时，望见瘀青发紫的左脚拇趾，立即起了报复心，要它赔偿我的心理生理创伤，于是拿起凿子在它心窝处挖出一个大洞，让它变为一个花盆来抚平脚痛的委屈。没想到竟挖出一个又大又深的洞来，彼时这株卷柏整理后尚未归位，于是比对一下，竟是大小完全相容，也就顺理成章地迁入新居。整理完毕后左看右瞧，决定叫它“枯木逢春”。

左页树高 / 18 厘米，下图木高 / 11 厘米

姬菖蒲

在园艺术语的用法上，只要名称之前被冠上“姬”，就是指小型细致的品种。菖蒲与青苔都嗜水，使用含油脂的松皮当盆座，应该会比较耐久些，不妨趁踏青郊游时捡拾几片回家，已自然脱落的松皮又轻又干净，不会增加背包太多重量。请切勿由树身上直接剥取，尊重大自然是培育植物的基本道德。

松皮宽 / 10 厘米

山苏

野外生长的山苏，多半以附着树干的模样出现。除非有什么特殊观赏需求，以这种方式来栽培最符合它的本性。

全高 / 14 厘米

小叶女贞

看这木头扭曲转折的程度，可以猜想原本生长时要面对多么严苛的环境。但也就因为如此的经历，它的纹路变得奇特，相当有观赏性。选择横放或直放来种植皆可。有趣的是，即使一段时间就变换摆放的形式，植物却也能在几天之后调整身躯，依着向上、向光性，恢复自然美姿。

木高 / 14 厘米

鸢尾

适合生长在水边的鸢尾，没有造型或修剪的问题，只需拔除外围枯黄老叶就行。它也有一般植物的通性，盆钵大也长得大，想保持好身材也需小环境。由于它喜欢水，平日照顾可以摆在潮湿的砂盘上，不要直接放置在水盘中，如此容易让它叶片变大，木块也容易腐朽。

木高 / 12 厘米

葡堇菜

枝桠外张、个性强烈，是这木块的特性。要与它和谐相处（画面看起来也和谐），唯有枝条柔软、叶小花小的气质野花才对味。葡堇菜就完全符合这条件。

木高 / 9 厘米

多肉植物

木头也适合多肉植物生长，在木材上找出可容纳根系的位置，若没有，也可以用刀具做出。填入砂土种植之后，需将植株以细绳固定在木片上，等待新根抓牢后才放开细绳。多日照、少水分，是照顾多肉植物的基本要求。

木宽 / 5 厘米

粉团参

又称头花蓼，是常见的蔓生小草。只需剪下一小段枝条直接扦插，就能顺利成活。它生性强健，不需在培养盆中栽培，觉得什么容器适合，就可以直接插枝在容器中。经常修剪能促使分生小枝，而花朵就开在每个枝端，所以这是愈剪会开出愈多花的植物。若舍不得动手，枝条会愈来愈瘦长，开花数也渐少，更可能因前方重量加重后无法负担，最后折断。此植物容易种植，耐晒耐阴也耐湿，唯一缺点是不耐旱，勤加补充水分是栽培重点。

木高 / 12 厘米

桧

这一小块漂流木粗糙不平，可供植物落脚的部位不少。把它整块种满植物不难，不过就无法遵行山水画中讲究的留白手法。密布植物虽热闹缤纷，但迷人的木质纹理同时也被掩盖，未免可惜。

木高 / 14 厘米

石苇

曾取一小段带芽带细根的石苇枝条，将它们平贴于木块上，外层覆上薄薄水苔再以橡皮筋或铝线缚住，保持湿润置于半日照处。约两个月，它的新根就会抓牢木块表面，此后再以分阶段方式，每隔几天就去除一小块水苔，让它能逐渐适应没有保护层的环境，几个星期后就有了浑然天成的作品。

种植前需先把木块底部弄平，才不致植物附着完成后难以下手。枯朽的木质虽较易附着，但为了维持较长的观赏期，还是选择质地稍硬的木块为佳。其实无需担心，看似不起眼的细根很快就能侵入木质的。

全高 / 15 厘米

迷你木花园

木头不像石块那样重，在略大型的木材上植入缤纷花草树木，即使搬运移动也不会有太大问题。这种平面小花园的合植方式，非常适合习性相同的植物，不仅视觉上非常和谐，管理起来也很容易。

如果是在木材上下段分别种入不同习性的植物，那么喜欢潮湿的植物应摆置在下方，以便浇水时能区隔开来。大型木块就是一个小花圃，一次种齐或者陆续增加新物种，任君玩赏，诸多趣味。

珍珠柏与野牡丹

不知这木块来自何方，从千疮百孔、肌肤光滑的身躯猜测，必是长期遭海浪冲击、风沙研磨所致，载浮载沉流浪许久最后落脚于金山海滩。有一天为了教学的需要，至金山海岸拾取水笔仔小苗时发现了它。对于漂流木，我总抱持一份尊崇敬畏的心，也许它在我孩提时期萌芽，也许在我父祖辈时就已屹立山林，不知它受了什么苦难才流离失所滚落波涛之中，更不知它游历多少国度，撑过多久艰辛岁月。如今它静静地、倦怠地倒伏在你眼前，绝不只是“一块木头”而已。撇开个人的情感问题转到实际面吧！曾受大自然磨炼洗礼的木块最适合盆栽造景使用，柔软易碎的部位早被清除殆尽，余下的硬材再经海水腌制，可不像一般朽木短期内就会崩散，密布的孔洞也很容易就能合宜搭配植株。使用前先用清水刷洗一番，去除残余附着的盐分。

木宽／10厘米

野草由左至右：抱树石苇、山菊、虎儿草、小毛蕨、伏石蕨。

野草合植

这木头虽然曲线略有变化，但整体外观平整并无特殊之处，那么就让植物尽情在上头生长吧。由于木材本身较为松软，正好适合擅长攀爬的石苇和伏石蕨附着。由墙上或树上仔细取下长长一段攀爬植物，缠绕于木块上，再以棉线束缚。等到新叶长出时，就可确定已有新根发展，再拆去棉线即可。其中找出几个凹洞，随意种上也是喜欢潮湿环境的山菊、虎儿草、小毛蕨。平日里绿意盎然，等到开花季节，就会有生动的野花增添色彩。

木高 / 20 厘米

野草由左至右：山苏、耳挖草、小毛蕨、鸢尾、谷精草。

工作室有块木柱虫蛀得厉害，原本是该丢弃的材料。某天花了半小时的挥汗努力，将它从中间锯成两半，成了这独一无二的盆器。它外表凹凸有致，颇值得保留观赏，于是选择一些体形较小的植物，才不至于遮了它的风采。

木宽 / 25 厘米

松、杉、蕨

水往下流是地心引力的恒定原则，木块内部的水分，也一定依照上方较干下部较湿的准则分布。所以栽植时最上方为最耐旱的松，再来是杉，最需水分的蕨只适宜底层居所。

全高 / 30 厘米

第3章

贝壳上的绿精灵

善用贝壳的呼水孔，或倾斜的角度，
就可在保有贝壳的完整性、不必穿孔的状态下，栽植绿色宠物。
这种栽培法最适合搭配海滨植物或生性喜潮湿的草花，
再用细砂、小树皮、青苔装饰表土，
极适合游走室内，也是另类的家居装饰。

贝壳有单枚贝与双枚贝之分，小朋友喜爱的寄居蟹，大多选择内部呈螺旋状通道的单枚贝为宅，为了不要让寄居蟹无家可归，请不要捡回单枚贝。想得到这些贝壳，无论单枚贝或双枚贝，搜集的最佳场所其实不在海岸边，而是海鲜餐厅，但要记得要洗净油渍、晒过太阳后再用来栽植。其中，生蠔的外壳极精采，光是外形就各有其趣，满足口腹之欲后顺便带回，十分经济实惠。但已经煮过、烤过的贝壳，因结构已遭破坏，不久即层层剥落，并不适合长久的植栽。

以单枚贝作为栽培器皿，得把壳顶或壳壁钻个孔洞才好排水。因不忍破坏完美外形，也想避免日后换盆不易取出植株的困扰，我一直较少使用，唯一例外的是像九孔螺、鲍鱼之类的贝壳。常见于餐桌上的蛤蜊、海瓜子、扇贝，属于双枚贝，每片壳都很宽阔，中央凹陷又利于填土种植，如果不想打洞破坏，栽植时可将壳面斜置，使壳缘位于最低处即可顺利排水。

实作

悬吊式的贝壳植栽

以狸尾草为例

九孔螺、鲍鱼的壳常可见被用来栽种植物，普遍都是用宽阔的壳内侧盛土，虽也是不错的用法，但美中不足的是最亮丽的珠母层却被掩盖了。如果改个方式，种些较不同的植物，银白色的珠母层即可成为耀眼的背景。

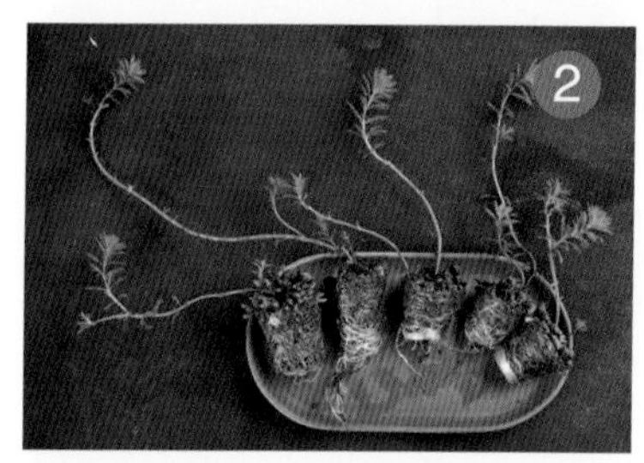

准备几株小型的嗜水性植物（示范小苗为扦插后约半年的狸尾草幼苗）。

由盆中取出，将根团轻轻压扁一些，让它们能置入贝壳底部的凹陷处。

先把预备植入盆中的苗木根团都处理妥当，进行下一步骤时才不会碍手碍脚。

植株的大小、长短、该摆在何种位置，最好先规划好，免得让它们在狭小空间中东挪西移，取出又放入，弄得土团散落，影响日后生长。

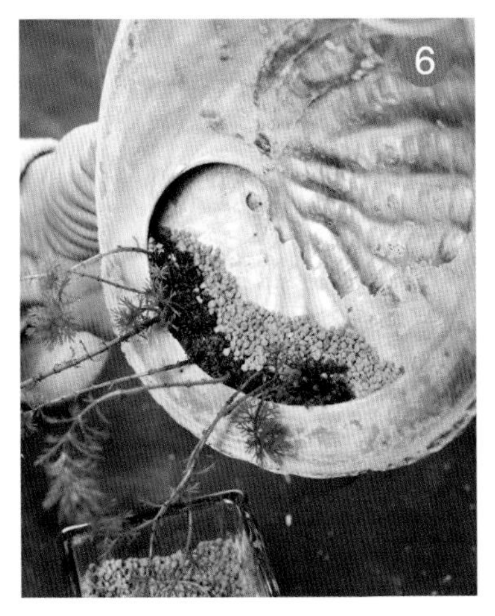

用细土把各土团间的空隙都填满，但土壤要略低于贝壳的底部上缘。

以贝壳砂覆盖土面至与上缘齐平，不但保护土表，也可使表面看起来干净，更增添几分海洋风味。

选择贝壳上方原本就有的小孔，取一个重心较好的位置悬吊起来。此植物须经过不断修剪才能长得更茂密。一段时间后，原先铺的贝壳砂已不再干净美观，再覆上青苔也很合适。

实作
双枚贝
栽植法

以小火鹤花为例 / 贝壳高 15 厘米

海滨小店买的贝壳，花市买的小火鹤花，墙边挖取的几片苔，一片咖啡滤袋，它们将要如何组成新家庭呢?

要把两片分开的壳重新组成半开状态是件麻烦的工作，所以购买时要挑选闭壳主齿没有损坏的才省事。

取出小火鹤花后剪去底部约 1/4 的根系，并剥除一小部分外围的土壤。

把根系置入咖啡滤袋中。

将包着根系的滤袋稍微压扁使之能置入贝壳中，但要轻柔别硬塞，以免弄破滤袋。

置入贝壳中的滤袋要使它撑开能紧靠贝壳的内壁，如同一般的软质培养盆般，再开始填入细粒土。

刺裸实

刺裸实野生状态时布满锐刺，盆中培育时只偶见一两根，这大概是有主人细心呵护，让它免除遭啃啮后，放心卸下了防御武器吧？白色小花、鲜红果实、黑亮种子是最迷人的特征。它们的骨干枝条天生就有横向下垂的生长方式，那就顺着它的本性，想将之改造成顶天立地的树形是很不容易的。

生蠔壳长 / 18 厘米

大花落新妇

大花落新妇喜欢群居生活，总是跟别的草类植物混杂一起，以致清秀气质难以显现。它的叶缘有齿状的小缺刻，叶柄斜斜外张，全身散发出十足的热带风情。半日照略潮湿是它喜爱的环境，盆中养育一阵后，难免会有过长或枯黄的叶片，不用担心，这是自然现象，只要把叶柄剪去，很快会有新芽冒出的。它的家由两个贝类家族合力搭建，上方的扇贝与下方的蛤蜊原本总是像陀螺般站不住，于是各在底部打个小洞用螺丝钉锁紧，特殊的盆器就完成了。

全高 / 12 厘米

柃木

柃木是花市常见的树种，外形平淡无奇，但价格合理。生蠔鲜美滑嫩的部分早已入了肠胃，余下的壳清洗干净后，在最低的部位钻个小孔，植入适度修剪的柃木小苗，总花费不多，却换来了工作时的喜悦与视觉上的享受，物超所值。

蠔壳长 / 12 厘米

百合

百合优美细长的叶片，高挺优雅的花朵，随风摆荡时，总让人担心是否会折断。其实它是非常坚强的物种，从高山到海边都有它们生长的足迹。每年入秋之后，地面上的植株会消失，只留地面下的鳞茎过冬，直到来年春天，抽出茎叶、开出清香的花蕊，每一朵花都有大约七天的赏花期。

用此大河蚌壳种一丛百合，非常壮观，蚌壳并没有钻孔，浇水时将它挺靠着墙，就有完美的排水角度。

河蚌长 / 42 厘米

第4章

野趣小盆栽

为植物选盆是一门学问，
从大自然的花草树木取材，
栽植于朴实有味的手捏盆，
不仅当个绿手指，
还可以是展现个人风格的野趣小盆栽达人。

小盆栽的集合式住宅

只要将植物置入容器中栽培观赏，就能称为盆栽，不论是需重型机械搬移的庞然大物，或小至掌中可托起十几盆的超级迷你盆，都在盆栽的范畴内。中大型盆栽所用的树种与小型盆栽是可互通的，端看各人喜爱与技巧，都市住宅里当然还是以小型盆栽为宜。

小型盆栽可再细分为一般的“小品盆栽”、5 厘米以下的“豆盆栽”，再至盆内径只容一指的“指头盆栽”。由于水分补充问题始终是上班族朋友的困扰，因此也有了盆栽愈小愈容易枯死的问题，其实只要用对了方法，就可以如同我一般，同时掌管数千盆而少有失误。

人是群居动物，小盆栽过集合式生活也有诸多好处。可选用浅平、底部具有排水孔的盆钵，覆好盆底网后，再铺满细砂细石，小盆栽集中摆上。每次给水时顺便把砂石也浇透，当气温升高时水分也会蒸发，上升水气可被枝叶拦截，在叶背凝结后顺着枝桠

树干滴落盆上，再顺流回盆土中。相互靠近的几盆盆栽，构成了小型森林般的微生态圈，小盆与小盆之间的温度会略低于周围温度。

让小盆栽过单身生活是危险的，小型盆钵的价格并不与身材成正比，型小体轻在风势稍大时容易倾倒。集中置入保护圈内可相互扶持，即使倒了也不致碰损心爱的宝贝。除了这些好处之外，还可像设计小花园般，偶尔把位于中央部位的植株与外围的互换位置，可使每盆的生长空间与日照角度更均匀分配，这样的玩法可不是中大型盆栽能提供的附加红利。

小盆栽如何才能小

并非直接把种子或枝条置入小盆中就能有收获，小盆中的生活环境是窄小严苛的，预备让它们入住前得有一段职前训练才行。使用细粒土，先在小培养盆中播种或扦插，能成活适应盆中生活后，才移入观赏用的小盆。郊野采回的小花小树也要先在培养盆中习惯全新环境后，才移入观赏盆，毕竟折损一株植物也是大自然的损失。

要得到姿态有趣的小盆栽，修剪是必要的。修剪常伴随盆栽植物的一生，修剪枝叶除了降低植株高度与塑造外形，还有缓慢生长的考量，因为枝叶减少就会降低光合作用，减少养分吸收，根系发展也会减慢，植物能在小盆中度过的时间自然也就拉长了。而修剪下来的枝条，经过扦插繁殖，更能得到矮化的小小苗木，成为盆栽创作的免费素材。

大盆容易照顾，可是体形也必定放大，小盆的生长环境窄小，就能控制在较理想的大小，唯一要克服的障碍就是水分的补充。如果干死了就前功尽弃。初入手学习的朋友不妨水分多些，慢慢习惯了水分补充的时机之后再恢复正常机制。每位栽培者盆栽摆置的位置不同，水分散失的速度不同，无法有统一标准，必须各自拿捏才行。

实作

分株法的小品创作

以谷精草为例

谷精草是湿地植物，刚采集回来时怕适应不良先种在稍大的塑胶盆中。塑胶盆的保湿能力远强于瓦盆，常会因此疏于看管，造成未及时分株而过分拥挤，连想拔除夹杂其间的枝叶都难以下手。这时分株是维持健康与美观的唯一办法。

由盆中取出植物后，先把根团连土剪掉一半，再小心把纠结的根系拆解，逐一分开。绝不可抓住整丛叶片硬扯，谷精草的叶片因含水量高容易断裂，完全无法抵抗这种粗暴操作。分开后剥除枯干叶片，并把根系剪短。

拆解根团后，得到很多小植株，想单株种植或依体形大小做出合植的小草丛，都很容易。

实作

扦插法的小品栽培

以络石为例

剪下带着叶片的枝端小段。

每一小段插穗3～4厘米，切口要剪平，放置约半小时等待伤口白色汁液凝结后再进行扦插动作。

填入细颗粒土约七分满，插入深度约枝条一半，尽量使叶片都能在盆壁内缘。

春夏约2~3个月，秋季约4个月，就可见根由盆底孔窜出，这表示可以搬家了。

倒出盆土与植株，整理根系，得到更多已经矮化、各有姿态的小苗。

准备几个小盆钵，依自己的创意美感，种出数个小小盆景。

络石

络石是郊野普遍分布的夹竹桃科蔓性植物，在园艺上常被称为“缩缅葛”，因色彩丰富又有了“初雪葛”“彩叶络石”的别名。石壁、土坡、矮墙都是它喜爱的环境，常有大片覆盖的壮观景象。它既然喜欢斜坡，就代表生长环境虽有足够水气但绝不会有积水现象，栽培时要注意这点。另外，在向阳面通常叶色斑斓，有绿、黄、红、粉红，甚至还有纯白的叶色；阳光不足处，叶的数量明显减少，缤纷色彩也随之消失。它的枝条柔软细长，有时经数十年生长后主干甚至还没筷子粗，盆中栽培也因这特性而多用悬垂的吊挂方式观赏，但若经常将它剪短，促使养分累积在根基部，数年后也就能以一般树型的模样出现。

盆高 / 3 厘米

七叶一枝花

这奇特的植物以往在大屯山系相当普遍，但渐渐成为稀有植物的缘由很简单：它是优良的伤药。大量采集植物又不复育的结果就是这下场。

每年初春它会自叶簇中心抽出淡绿色的花梗，气候或土质的影响使它不见得都长出七片叶片，有时五片、六片。但它是天生的数学家，正常的七片叶，上端开出的花朵就会有十四枚花瓣；若只有五片叶，那么也就会只出现十枚花瓣。每次都以二倍数来展现它的花姿绝不失误。天热后它会进入长长的休眠期，枝叶、花全部枯萎。此时可别把它们当成废弃物了，来春它们仍会再展笑颜。

盆高 / 4 厘米

石莲

石莲是被广为栽植的多肉植物，非常容易照顾，可是却很少看到健康的植株，因为栽培时常忘了它只需很少的水分，不是把它养成肥头大耳枝条下垂，就是根系因经常的潮湿而败坏，奄奄一息倾倒在盆壁旁。就生命力与繁殖力来说，石莲惊人的活力与它娇嫩的外表绝不成正比，掉落的叶片在无水无土的环境中还能发根发芽地活上大半年也不成问题。依此性格，只要剪取小芽植入小钵就能简单地养出迷你小品，不论是单株或成群并成小森林状，都很容易。

左页盆高 / 2 厘米，左盆高 / 3 厘米

双面刺

双面刺还小时，浑身枝叶都布满尖锐的长刺，让意图享用它甘美嫩芽的敌人退避三舍。随着长大蹿高，草食动物们啃不动它的身躯，破坏不了它的枝桠之后，这些刺就会消失。

它是半蔓性植物，需依靠身旁的同伴才能顺利长高，本身的根系并不很发达，盆中培育时这种现象也会发生，所以在它的几条根中置入一块小石以附石的方式栽培，这可增加下方的稳定度较不易倾倒，视觉上也会觉得它的根壮多了。

盆高 / 2 厘米

杜鹃

杜鹃是园艺作物中的大家族，原本就有不少的原生品种，经数百年的人为交配育种，又培育出了近千种的新品。日本把每个月份订定了名称，如五月称为“皋月”，而在此时怒放的杜鹃品种也就称为“皋月杜鹃”或直称“五月花”。

杜鹃的叶形、叶色、花色、体态都有极大差异，盆中培育当然选择枝细叶小的品系较为顺手。浅根性的杜鹃无粗壮的直根支撑，它们依靠非常紧密坚韧的细根来紧抓地表，适合用浅钵栽植，深盆会使它们生长不良。它们以不定芽的方式分生小枝，所以修剪后会冒出往各方生长的许多新芽，这时保留我们要的方向，过于朝向中心部位的以小镊子尽早去除，如此反复进行几年，出现矮壮树身及宽广根盘都不是难事。唯记花期前四个月不能再修剪，以免空有外形却到时无花可赏。

盆高 / 2 厘米

蔓榕

一株年逾二十的连根树型，置放掌中仍轻松愉快，这就是小型作品的迷人之处。藤蔓植物在生长攀爬过程，枝条一旦接触土面或容易附着的介面，往往就能生出新根系，帮助固定枝条，以利再往前、往上扩展领域。这株就是在生长过程中将树干前方刻意压入土面，待发根后就逐渐将倾斜的树干往上抬起一些，并去除附着的土壤。行此栽培法切忌心急，需有耐心地等待新根略粗壮后才能让它离开土，细柔的根一方面无法支撑上方重量，一方面在烈日下容易脱水。养育新根的过程，可让上方枝叶尽情发展不去修剪，因大量的叶片能进行较多的光合作用，可促使根系发展更快。这株如拱桥般的树，身上长出的枝椏当然也是往侧面延伸较多，所以植入这扁型的扇面盆钵也成了最佳选择。

盆高 / 5 厘米

榆树

榆树的根不易膨大变粗，却可伸展得相当长，在小盆中养了两年的榆树，盘绕盆缘的根拆解后竟可达 50 厘米以上。虽有如此长度但它们依然柔软，非常适合拿它来附石，不论石块隙缝或凹凸不平的面，它都能顺利地密贴于上。只要以柔软的绳将它仔细束缚，再剪除突出石块下方的根系，重新植入盆中就可静待佳音。比起其他的木本植物，榆树成功附着石上的时间会快得多。此盆是俗称“八房榆”的密叶性品种，天生体形娇小，枝叶密生，选它来作为小型盆栽也较一般品种容易得多。

盆高 / 2 厘米（上图正面，下图背面）

栽培者几乎都会遇上几株独赏不行、放弃又不舍的盆栽。这时不妨就用合植的方式，让它们组成一个新家庭，彼此遮掩造型上的缺失。此盆榆树纯林看起来十分壮观，但事实上它们都还是小小树木，合植之后就呈现不同的气势。如果是选择不同的植物合植，必须选择对日照、水分的需求相近者，这样它们才能阖家平安。

盆宽 / 32 厘米

全缘贯众蕨

与它相处五年后见它如此粗壮，不禁开始勾勒出日后全缘贯众蕨神木的影像，哪知第二个五年、第三个五年过去了，也仅止于此。原来它的体形跟我的身高一般，二十岁后就知这辈子无法成为篮球中锋，不同的是它变壮还散发出成熟风采，而我腰围变粗只有老年人的气息。

下方的毛蕨与上方的青枫是不请自来的。小蕨可当成善意访客保留。青枫却因根系蹿入主人体内恣意横行，被视为入侵者，短暂观赏后需尽快驱离，如不能在保持全缘贯众蕨树干完整的情形下拔除，就要将树干剪除，任由发展的后果必是乞丐赶庙公，不堪设想。

盆高 / 3.5 厘米

肾蕨

小盆中的生活环境是无法与地面栽植相比的，但植物的适应力与韧性在此显现无遗：既然居所就这么大，那就不要长得太大！

我们熟知蕨类多喜爱在水气充足的环境中生活，但肾蕨却一反常态地耐旱。它坚韧又四处游走的根系，布满细细的绒毛，找到满意定点后就会再萌出新芽。一旦这些根系进入土壤中，还能发展出一粒粒的块茎用来贮存水分，能使它安然度过干旱期。

取得肾蕨植株后，把上方叶梗全部剪光，下方根系也剪短至约 3 厘米的长度，植入较松散的土中。很快它就会发出新芽，待冒出 5~6 片叶之后，再全部剪光，第二度萌出的叶片就会变小，叶梗也会缩短许多。它较适于略有深度的盆钵，太浅的盆，旺盛的根系很容易将植株顶出盆外。但使用高盆时，肾蕨本身重心不良加上长长的身形，一不小心就会连盆翻倒，栽培时要特别注意才好。

盆高 / 3 厘米，右页盆高 / 9 厘米

昆栏树

昆栏树通常生长在中海拔常见云雾的地带，所以它另有一诗意的别名“云叶”。阳明山地区虽海拔只达千余米，却因气候因素也有壮观的昆栏树群落。以盆栽选材的标准来说，它的叶片较大，枝条粗大，节间较长，基本上不能算是好的素材，但它先天拥有的出众气质却足以盖过所有的缺点，春季开的绿色花蕊也很值得期待。在自然界中它多以单干挺拔的姿态出现，此株乃是以压条法取得双干树型。

盆高 / 3 厘米

狭叶南洋杉

南洋杉高耸挺拔的身躯，配上柔软横伸的枝条，若能把它们植入极浅的盆中，应该能别有一番热带风情，但我却屡屡因无法让它稳立在宽阔浅盆里而失望至极。有次台风过后，路过正在修复的坍崩地区，见工程人员先打入粗壮地桩才开始做边坡的回填，当下我立即就联想到地基的重要性。于是先将这南洋杉小苗植入扁平状的珊瑚礁孔洞中，等它抓紧礁石之后，随即再移入浅盆也就轻而易举了。

盆高 / 2 厘米

山菜豆

传统盆栽注重整体搭配，根盘、树干、枝桠、叶片，都要符合不成文的比例。要达到这种目标，得耗费相当时日。此盆山菜豆有苍劲龟裂的树身，但看它的树龄，是怎样也无法出现这样的树皮。这是我加工完成的，栽培初期，在树干上划上一道长长的纵向伤痕，约半年后，伤口愈合留下一道伤疤，此时再于反方向部位另划一道。每次伤口愈合之后，就再度使它破皮。这做法看起来虽残忍，其实并不会造成太大的伤害，只要记得一次只能做出一条痕迹，约略几年过去，这棵树便有看起来数十年的沧桑感。

盆高 / 2 厘米

马醉木

马醉木通常只出现在中海拔山区，阳明山地区因特殊的地理环境，让它在海拔 1000 米以下也生长良好。它的叶片又厚又韧，面对强劲东北季风不但毫无惧色，造型更是特别，当地人称它为“风柴”。这种经由大自然风势来塑造树型的现象称为“风剪”。照顾时要特别注意入秋之后就不再修剪，这样来年春天枝头上才有铃铛形的小花可看。

盆高 / 5 厘米

绶草

四月春暖，从野草地上举出花穗之后，绶草的精致可爱才被注意到，它是野外自生的小小兰花，喜欢潮湿的平野草地。只需从野外取材一次，移植到盆中栽培之后，接下来几年就可以用分株方式繁殖。花开期间也需要日照，这样才能欣赏到长长花序中的每一朵花开。

盆高 / 8 厘米

朴实的手捏盆

陶盆粗犷，瓷盆精致轻巧，但创作者有时以为只要在盆底开个洞就可以作为盆钵使用，忽略了盆钵的基本需求。手捏盆钵常造型不规则，重心不稳定，种植植物之后重量增加还可能更加大倾覆的危险。另外，一些盆器尽管有了排水孔，但其位置却不在盆底的最低处，也会造成排水不良。有些盆器没有盆脚，排水孔的位置虽与底部齐平，排水透气的效果也会变差。好的盆器要做出盆脚，且必须在盆脚上留一个缺口来帮助气体交换。此外，植物根系喜爱附着于粗糙表面，有些盆钵连内侧也上了釉，光滑的程度极不利植物附着，较浅的盆还可能因一阵风就植物连土团一起滑出。不了解植栽要求的盆钵创作者，即使能在外形、花纹、釉色上展示高明技法，但做出的盆钵却常处于只能观赏无法种植的尴尬情况。

购买盆钵要注意盆底，盆脚必须有个缺口，才能帮助气体交换。

购买盆器也要考虑到它是为了搭配植物的。盆栽往往以植栽为重，若盆钵极度抢眼，会觉得主客易位反使植物沦为配角。选购不花哨的手捏盆钵，会是不错的选择。手捏陶盆常会留下创作者的掌形指痕轮廓，虽然少见精细的技法，倒是充分表达了愉悦随兴的心情。浑厚朴实也常是手捏陶钵的特色。手捏陶盆在选择时有两个细节要多加注意，即重心与排水。如兴趣够大，不妨走入陶艺教室，短短时间即可拥有自己的专属盆钵，别忘了在盆底刻上大名，来日就算植物不在了，还可成为传家之宝。

扇雀

多肉植物的枝干虽看似柔弱，但为了避免枝叶碰触潮湿环境，常会直立生长。天然环境中，它们会遭虫鸟兽的啃食或风吹雨打的侵袭，这是老天替它们进行修剪工作。人为栽培时，若不修剪任其生长，它就会因支撑不住上方重量而弯曲下折（浇水过多造成体质不良也会有此现象，但这并非正常）。我们可在枝干渐渐下垂时同步将盆钵垫高，避免前端接触地面或磨擦旁边物体。一段时间后这往下垂的枝条就会变硬定型，此刻才进行修剪作业。过早修剪会使其因重量减轻及枝条尚具弹性又往上伸长，结果形成不直不垂的歪斜怪样。自然下降所形成的弧度线条，绝对比人为刻意扭出的要顺眼许多。

盆高 / 3厘米

菖蒲

菖蒲没有直立性的主干，以丛生的方式生长。如果种植当初就略微倾斜，并有一段时间利用植物向光的特性，调整摆放位置，就很容易塑造出这种自然倾斜的外形。

陶盘高 / 3 厘米

酢浆草

园艺栽培的酢浆草品种极多，此品种是长辈带来的礼物。盆浅土少的关系，为了怕它过于干燥，有时会移至阴凉处，日照不足，于是造成徒长下垂，但只要剪去叶柄，接受充足日照之后，又能恢复结实挺拔的模样。

陶盘长 / 4 厘米

南洋乌毛蕨

栽培蕨类植物通常没有必要为了造型而修剪，但修剪干枯叶片还是必要的。多数人只是把叶片剪除，留下一截叶柄，这是不够的，尤其对于有着直立树干的种类，更要秉持除恶务尽的原则。残存的叶柄容易藏污纳垢，也容易成为小昆虫的居所，还会积存过多的水分，使主干无法接受阳光洗礼，容易在长高之际“腰折”。所以每一次有枯叶，都要贴着树干把叶柄剪去才好。

全高／ 60 厘米

武竹

武竹的耐旱能力来自下方的块根，一段段像白萝卜似的储水器官能像沙漠之舟的驼峰般有效。若在浅平的容器中栽植武竹，初期绝对美丽动人，但一段时间后这些块根开始膨大，常将植株完全顶出容器外。它虽耐旱，根部却也难以承受骄阳的威力，这种情况发生时，须剪除大部分的膨大根系与枝叶，然后再植入原盆或新盆，千万别偷懒直接放入大盆中。为了观赏小巧可爱的体形，多付出一些是值得的。也请勿心急地大量施肥，这样不但让植株变大，也会加快换盆的周期。

盆长 / 9 厘米

杜鹃

杜鹃的根又细又密，又不见直立的粗大主根，那些天生枝叶细密的品种，极适合作为小品盆栽的素材。它在园艺界素有“贪吃鬼”的称号，需要较多的养分，若能在开花后补充氮肥，开花前补充磷肥，一定能长得更好。

左盆高 / 2 厘米，右盆高 / 3 厘米

第5章

不可思议的盆

怀着惜物心情，再结合一点工艺巧思，
创造出来的盆器琳琅满目好亮眼！
破旧的、废弃的，再加工，居然就这么简单。

杂物变盆钵

植物生长需要栽培介质，土、沙、蛇木屑……这些栽培介质也必须有容身之处才能提供植物使用，有孔洞、凹陷的器材当然最为便利。

仔细检视生活周围，可用之物还真是不少，这些器材只要经过简单改装，就能成为独一无二的盆钵。例如：在直通的孔洞上加装盆钵网，无孔洞的器皿钻个排水孔，重心不稳的设法作调整……

将厨房里原本要丢弃的破锅、破壶变成植物的家；将路旁捡到的废弃物改装成盆钵。诸如此类种种惜物、爱物之举，都能让盆栽创作更多元有趣，散发柔软美感。

天胡荽与破瓦盆

把植物栽培在完整容器中是天经地义的做法，但有时也会显得平淡无奇。摔破的半素烧盆，反其道利用盆壁来栽植，不论平摆或吊挂，似乎更引人注目。天胡荽只是寻常可见的野草，搭上青苔，表土铺上页岩的细长碎片，质朴，自然。

实作

废弃锅盖养青苔

适用于各种小器皿、小盆种青苔

陶质炖锅是厨具中损坏率相当高的一种，火力、水位的控制失当或略有碰撞，都会出现裂痕难再使用，但无辜的锅盖也得随之报废。其实只要在锅盖中央部分钻个排水孔，它就可作为一个独特的盆钵体用。多数人会把锅盖翻转过来，使用容积最大的反面来种植，但陶质炖锅最吸引人的部分就是锅盖上的彩绘，别贪求大，一抹绿意就足以与这些色彩鲜艳的图案完美搭配。

锅盖钻好孔并配制盆底网，备好青苔以及粗、细粒土。

于把手部分填入约 1/3 容量的粗粒土壤，让这些土略呈小山丘状。

用手剥除外缘青苔使其成为比把手面积稍小的块状，不但便于种植，日后也会生长得更好。

在青苔背面均匀撒上一层细土，务必把原有的微小空隙都填满，也让表面略呈凸起的弧度。

以喷雾方式让青苔背面的土壤湿润。这样，在倒转过来覆盖把手上时青苔才不会掉得参差不齐。

青苔覆盖于锅盖上的土丘，轻压使两边土壤完全密合。再将青苔边缘压入土中少许，当下虽不太好看，但几天后青苔会从土中撑起，就很自然。

依个人喜欢选择欣赏的角度，若觉得彩绘太过鲜艳，那么转个面就朴素多了。

实作

小茶壶种树

以紫砂壶和栀子花为例

小巧精致的紫砂壶是广为使用的茶具，不过纤细的壶嘴一不小心就会碰损，不但身价立跌也不便再使用了，若用来栽培植物却无伤大雅。以旧壶来栽植也可不必在底部打排水孔，用悬吊方式将壶把悬起来，排水就不是问题了。

壶嘴与壶身接合处原本就会有几个小孔，于是铺设底网的工作也免了，直接置入一层粗粒土就好。

这盆作品完成后是悬垂着而少了半边护墙，所以将植物取出时避免把土团弄散，这样不但易于操作，植物的生长也会较好。

放入植物后填入细粒土，需仔细把土团与壶身之间的空隙填满，植物才不会摇晃。

以大小适合的树皮将表土覆盖住。

利用壶口的内缘将树皮卡紧，植物会更牢靠。

完成后以喷雾方式给水，直到水由壶嘴滴出。

紫芋、粉团参与破陶片

园艺工作者打破盆钵是避免不了的情况。不过这并非全是损失，有些破片的造型更见光彩，完全不输完整时的模样。但要记得这些破片要先用粗砂轮磨去锐利边角，避免种植或搬动时让人受伤。

陶片宽 / 20 厘米

多肉植物与破瓦盆

传统的素烧盆已渐被塑胶盆取代了。素烧盆虽是栽培植物的最佳选择，但硬度不及陶瓷盆钵，略有碰撞就易破裂、缺损。不过，有时它碰坏之后的外形也还不错。这个素烧盆的缺口就成了斜向生长的支撑处，悬吊起来就可用了。

盆宽 / 10厘米

水管阀种树

要维持众多盆栽的生机，供水设施绝对是第一要件，苗圃中的引水阀就会因开关频繁而逐渐磨损。每次更新后也总是多出一个小花小草的新家。图中所用都是四分水管阀，意即管径 2 厘米左右，拿来当小品盆钵也够用了。

这些水管阀受了海风、硫磺气、强大水压的内外侵袭，里里外外都显沧桑，在阀门一面铺设硬质纱网即可填土使用。分别植入青枫、多肉植物中的“残雪之峰”，看来就是老态龙钟的模样。完成之后，看着这到最后一刻仍为植物付出的水管阀，再看自己这张布满风霜的老脸，三方相对，还真有不胜唏嘘的落寞感。

水管阀高 / 6 厘米

榕与破陶盆

陶质盆钵易碎，万一打破摔裂，别把它们扔了，使用粗砂轮，就能把锐利易伤人的裂口磨得圆滑，破裂的盆钵常会出现意想不到的奇特外观。榕树是经常在墙缝、石壁，甚至排水孔洞自然萌发的常见植物，将它们栽植成这种悬崖型斜干，或许较有废物利用的气氛，也较接近天然树型。

盆高 / 6 厘米

蕨与破瓦盆

破了底的瓦盆，如何能再利用？倒扣黏在略平坦的石块上，盆底成为盆口，甚且是特殊造型的盆口。种上蕨类、野草，也是一派自然随意风。

器皿高 / 4 厘米

多肉植物组合

在工作中弄坏工具、器材是常有的事，想修复再利用的心态，竟使自己不知不觉地养成保存零件、破片、旧物的习惯。还好工作场所不算小，也能使它们都整齐摆放，等待有朝一日再现江湖。就像这块磨石子地砖与旧花窗，相叠在一起就成了规划整齐的小花园，粗糙的外表当然也就以粗犷外形的耐旱多肉植物来搭配，而且在花市不要花多少钱就可买齐所有植物。

植好之后，这重重的小花园就一直静置在庭院一隅，从来不用费心照料。没想到第三年，原先种植的多肉植物似乎演出大风吹，而不知哪来的地衣覆盖了整个盆面，爵床也来开了紫色花，好一片野趣又自然的绿地。

正方形地砖 / 边长 35 厘米

多肉植物与重量级盆器

栽植多肉植物最大的困扰，就是它们往往地上部分的重量大于根系支撑能力，一不小心就会连盆一并倾倒。想要把它们稳稳地安置盆中，却又容易出现盆钵过大，外形不佳，或植得太深而导致烂根。这该如何解决呢？

看看这两个容器吧，左边是在电线杆下方拾来的废弃绝缘端子，右边是渔港边无意间踢到的陶质渔网配重锤。它们都是重量级的器材，也都有因作业上需要而出现的中空体型。只要想办法将其中一端的孔洞以硬质盆底网固定，它们就形成了重心绝佳、造型独特的盆钵了。

绝缘端子高 / 5 厘米　渔网配重锤高 / 4 厘米

仙人掌与花窗

花窗是普遍被用来作隔断或搭建围墙的建筑材料，一般建材店就能买到。通常它都是一尺见方，只要在一边衬上硬质盆底网就能当成别致的容器，若觉得太大就将它们分切成小块也极可爱。

仙人掌扦插就能活，栽培久了，老株多会有许多分枝，只要把它们切下，放置阴凉处一天后，待切口收缩不再流出汁液，就可按自己的设计做出一丛小森林。记得别插得太深，也别浇太多水，只要不使它们过湿就能成功。

花窗高 / 6 厘米

山苏与小茶壶

山苏的体形可因栽植方法、容器大小，而有极大的差异。只要能找到够小的植株，像是刚发育的山苏小苗，它们在此也能安之若素。这小壶需在底部开个小孔，否则日久也会烂根的。

壶高 / 2 厘米

菖蒲与玩具茶组

纯观赏把玩、无法实用的陶瓷器皿，万一碰上童心未泯的老顽童，会上演何种剧情?

有回在莺歌老街，我买了这套玩具茶组，回到工作室后，随手一摆把这件事忘了。今年气候不错，栽植的十多盆菖蒲生长到了再不分盆、分株，就要被挤扁的情形。开始动手将这些菖蒲分开时，弄出好多个连手指都快捏不起来的小苗，这一瞬间，我就想到了那组小茶具。但瓷器的硬度比陶器高，胎壁也薄得多，要在这么小的身体上钻个洞，切一道透气槽沟，真要有两把刷子才行。偏偏自以为有三把刷子的我立刻弄破一个小杯，十分钟后又钻裂一个茶盅，半小时后只完成了剩下的三个。原本想将就使用，但看着这少了配件的茶盘实在开不出热闹的茶会，于是再次光临小铺把仅存的两组买回继续加工。来回采买、钻孔，费时费力，但植妥这些小苗，却只花了十五分钟啊!

壶高 / 4 厘米

水麻与橱仔脚

这器物如今已成古董。很久很久以前没电没冰箱时代，食物可用纱罩盖住，防止昆虫沾染，可是防不了蚂蚁由下方侵入。不知哪位聪明的古人设计出这么好的器具，桌脚立其中央，凹槽内注水，如护城河般的构造使蚂蚁无法渡过。

水麻在潮湿地带生长良好，在干燥地区就活不下去。如今它搬入这四周环水的宅邸，再长不好也只能怪自己技术太差了。

容器直径 / 11 厘米

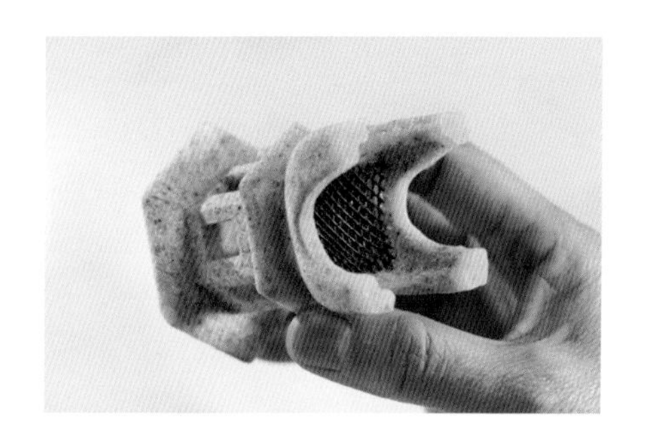

狐狸草与小亭灯

这是园艺店、水族馆皆可购得的装饰用小道具，手痒时看到能有容纳植物空间的物品，都会忍不住拿来试试。这小亭灯可先以硬质盆底网黏住底部，容土排水全没问题，困难的是如何将植物种入这么小的窗孔。连手指都伸不进去，只好用镊子帮忙，日后浇水还得费心对着窗孔以喷雾方式进行，但为了这么奇特的造型，麻烦一些也心甘情愿。

亭灯高 / 8 厘米

虎耳草与红砖

虎耳草没有粗根，是以细根抓牢生长处。忽略它这项长处而将之植入一般盆钵未免可惜。它看来娇弱，其实不然，将根系剪短至只留 1 厘米，也能迅速长出新根。要记得在修剪根系之际减去大叶片，只留下几片小叶，这样不仅减轻移植时的负担，也间接让植物体积缩小。

若预备栽植的材料上已经有裂缝或凹洞，直接将根系放入，再以水苔填满空隙即可。水苔是很好的填隙材质，捏紧后塞入孔洞就可以固定虎耳草，同时也具有保湿功能。若栽培器物的表面平滑，可以用黏土混着剪碎的水苔来包覆根系，直接黏着于表面，一个月后新根就会钻出并开始生长，等到它附着稳固之后，再立起来观赏。

虎耳草耐旱能力不佳，必须保持足够湿度。四五月间可见抽出花茎，开出可爱小白花，花期长达一个月。它的种子繁殖力很强，花后若不摘除花梗任种子成熟，附近土面、旁边的盆栽就会冒出小小新苗。

砖高 / 20 厘米

海桐与炉渣

这石块，是海边捡来的炉渣，在火力发电厂旁的海滩很容易捡拾。这些炉渣色泽大小软硬不一，稍加敲击就能崩裂成奇形怪状的小块，一点也不输市售的奇石。将海桐根系剪短后，与炉渣捆缚牢靠，一起植入盆中，盆的大小仅容炉渣置入即可，如此限制了根部往外的空间，它们就得乖乖进入炉渣隙缝孔洞中。待发现有新芽冒出，就代表根已适应这环境。选个阴凉的日子（酷夏不能进行），取出植株洗去炉渣外的泥土，并剪除曝露在外的根系，再把叶片全部剪除，摆置于阴凉处。几个星期后新叶萌出，新根却因已无往外生长的诱因，反往炉渣内部深扎。此后也因生长空间紧迫而维持极缓的生长，海滨植物加上海边的人为废弃物，成了绝佳的组合。

炉渣的底部需事先想办法弄得平整，日后才能稳稳立着，否则当根系已进入其中，就难再加工了。

炉渣高 / 9 厘米

设计植物的家

日常生活中的器物，用惯、看惯了，一点都不觉得新奇，然而一旦把它们变成植物的新家，却是又新鲜又亲切。一块木片、一根金属丝、小陶罐、铝材、印章，甚至实验室中的试管、烧杯，都可以变成栽培容器。也许还需要一些小工具，橡胶、锯子、铁锤、钉子、绳子等。可以结合数样来做，也可以单独使用一件物品，只要能站稳、能排水、不怕湿，都可成为植物的新家。

单纯栽培植物是一种乐趣，设计植物的家使栽培过程更加完整。所谓美丑，个人观点不尽相同，大可不必考虑旁人眼光，如此作法只是想充分利用这些熟悉的物品来让植物更加融入生活。绿手指朋友们，不妨现在也开始留意身边有什么可造就之材，为你的绿色宠物设计一栋新屋。

实作

酒杯盆栽

适用于各种玻璃容器

以水耕方式来栽培植物，最好选用体形娇小且略偏好潮湿的种类，完成后保持水分约在容器底部起 1/3 高度即可。切勿直接暴晒，只需适当的光線，它就能以光合作用的功能让自己活着且缓缓生长。千万不要心急地置入有机肥料，否则很快就会使杯壁滋生藻类而失去光鲜色彩。

一株鸢尾花小苗、几种各具色彩的碎石、一个透明酒杯，它们能变出什么把戏?

把一个软塑胶片（材质稍硬些较易操作），卷成小圆筒状，直径比杯缘小些就行，将两边夹住以免工作过程中撑开。

先在杯底铺上一层深色的碎石（难免有杂质沉淀，浅色石易脏影响美观），再把圆筒置于正中后，填入约 1/3 高度的干净颗粒土壤。

置入准备好的小苗。

填土将根部完全盖住，并使用竹筷将土壤轻戳几下使土与根团密实接触。动作要轻柔才不致把这圆筒弄倒或撑开。

把不同色彩的碎石层层铺入杯与圆筒间的空隙。条纹、波浪、平直，全凭自己的创意与手工精细度。碎石要略高于圆筒中土壤的高度。

将圆筒外的碎石喷湿，只要略湿使它们产生黏结在一起的作用即可，但水勿喷入圆筒中，这样才能顺利将圆筒移除。

将杯子拿起轻敲桌面，另一手则将塑胶软片顶端捏紧缓缓抽出。这是操作过程最关键的部分，动作一定要轻柔才不会把植株拉出或搅乱设计好的图案。

以喷雾方式将水加至满过碎石表面。切勿用浇的方式，以免水一冲刷就面目全非。

注入水分难免造成透明度不良，可用小针筒将污浊的水抽出。若觉得还是不够清澈，就再一次喷水，并将杯子略微倾侧，再吸除干净。

操作过程多会弄乱表层的平整。别用手指去压平，指尖会沾黏这些碎石，可能使表层更凌乱，使用金属材质的小道具（如小茶匙）来做会好些。

备好植物、三角砖、亚克力板、木片。庭园工程常用的植草砖也可以用来玩有趣的游戏。

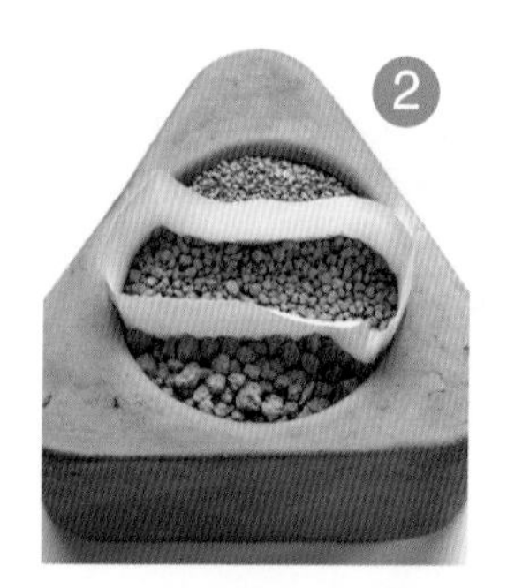

用稍硬的纸就能做出区隔上中下三个空间的隔断，仔细由上而下填入细、中、粗三种尺寸的土。

再缓缓把纸抽出，太急会把这些土弄混。

以薄薄的小木片插入各层土粒的交界线。这些木片的作用只是让大中小土粒的分界看得更清晰，并非真要深入内部把土隔开。

尽量将土面铺平至与砖面齐平。

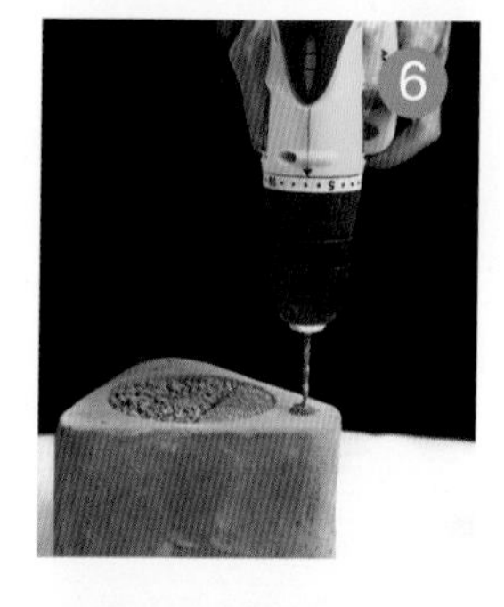

在三个凸出的角落各钻出一个与螺丝钉大小相容的孔洞。

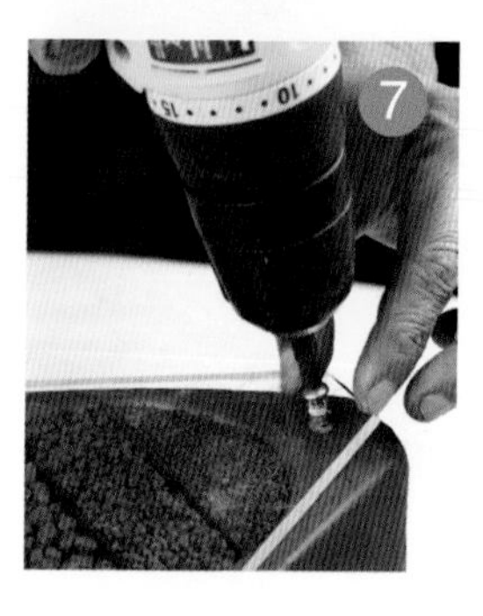

将透明亚克力板裁切成适合形状并以螺丝钉锁紧。螺丝钉材质以不锈钢为优。

先把完成后的整体浸入水中使土壤充分吸饱水分，再把原先塞住孔洞的报纸取出，于这些小孔中植入已选妥的小型植物。由于孔洞小，填土时难免会有土壤散落的情形，随时用小刷子清除。

植物虽小，但还是得略微修剪根系才能植入这么小的空间。

种植时最好按照由上而下的顺序，不但工作方便，也不致使下方植物被掉落的土粉弄脏。

在孔洞与植物的空隙覆盖薄薄的水苔，可保护表土，也可使植物更加牢固。

亚克力是透光的，植物的根又有畏光的性质，平常可用不透光的木片、石片，甚或用黑色胶布将它遮掩，以利根系的发展。待你想看看植物根系的发育状况时，可随时揭开遮掩物便能见得到。这样的做法相当费时耗力，但可一窥平日不易见到的根部情形，有兴趣的人不妨试试。图为半年后的生长状况。

吊兰与印章

已经闲置不用的公司章，那将近3厘米宽的口径就让我蠢蠢欲动。由上往下钻了小小一个洞之后，就植入一棵吊兰小苗。用来做印章的木头，基本上质地都十分结实坚固，三年内应该还能维持形貌。而吊兰韧性强，缓慢成长中，气生根也会钻出包住木头章。搁在案头，小小的绿意很是生动。

印章高 / 7厘米

多肉植物与小陶罐

盆栽虽是传承许久的艺术，但若以更新潮的做法来表现也未尝不可。小陶罐，铝丝，不锈钢螺丝钉，不规则木片，多肉植物，这些原本互不相干的物品组合之后，诞生出的似乎不是园艺作品，反倒像活生生的手工艺品。

盆高 / 4 厘米

砧板植物挂饰

材料科学与卫生观念进步后，厨房已少见木质砧板，这伴随我们许久的厨房必备用品，其木质相当优良，就这样扔了真是可惜。它通常有个吊柄可悬挂，即使不用吊挂方式只是倚墙而立，凭它本身的重量也不易倾倒。

上方植物是扦插约五年的云龙杉，栽植一段时日后会自然倾斜生长。它的家是水族馆中购买的鱼类产卵槽，用胶黏在砧板上即可。下方植物是扦插约三年的袋鼠花，只要在砧板上刻出一道横沟就可把扇贝的背缘嵌入，不过砧板木质较一般木材坚硬，要做出这凹槽可是要花些工夫的。

砧板宽 / 20 厘米

蕨与玻璃漏斗

玻璃漏斗是实验室中的重要器材，拿它来当盆器也未尝不可，冷冰冰的东西也能展现温柔的气质。

配制好各种粗细石砾、栽种好蕨类之后，就可把漏斗放在任何能托住它的器物上，并随着到处游走。贝壳钻个洞就成了它新底座；插在口径比它小的盆器或高筒茶杯，又为它找到了一个新家。

漏斗口径 / 5厘米

黄杨

装修铝门窗时裁剪下的废弃材料，由侧面看去颇有明朝家具的风韵。向师傅要了几个，填土种植后自己觉得相当满意，当天就想带回家观赏，没想到竟造成了回家立即清洗行李箱的苦差事。原来铝材表面光滑平整，稍一震动栽植就滑动崩落。心有不甘的情绪促使自己要设法解决：既然会滑动，那就只能创造出不会滑动的空间。饮料搅拌棒是用后即丢的物品，利用它的弹性就能卡住边缘造出盆壁的效果，植妥之后再以青苔覆盖住木片。几个月后木片也许腐朽了，但正常生长的植物根系也在此时发育完整，成为稳固的土团，再也不会滑脱了。

铝材长 / 10 厘米

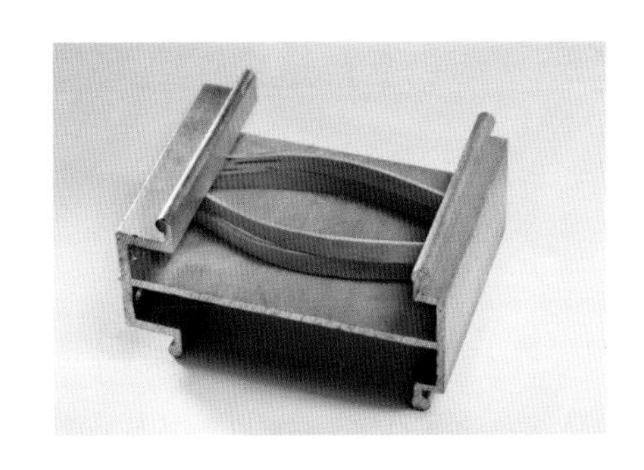